DR. MARTIN BUCKSCH

Gesunde Ernährung — für Hunde

Praxiswissen Hund

FERITIGFUTTER ODER SELBSTGEMACHT – GEUNDES FUTTER FÜR JEDEN HUND

MIT KOSMOS MEHR ENTDECKEN
Aktuelles Experten — wissen
SEIT 1822

KOSMOS

☞ *Inhalt*

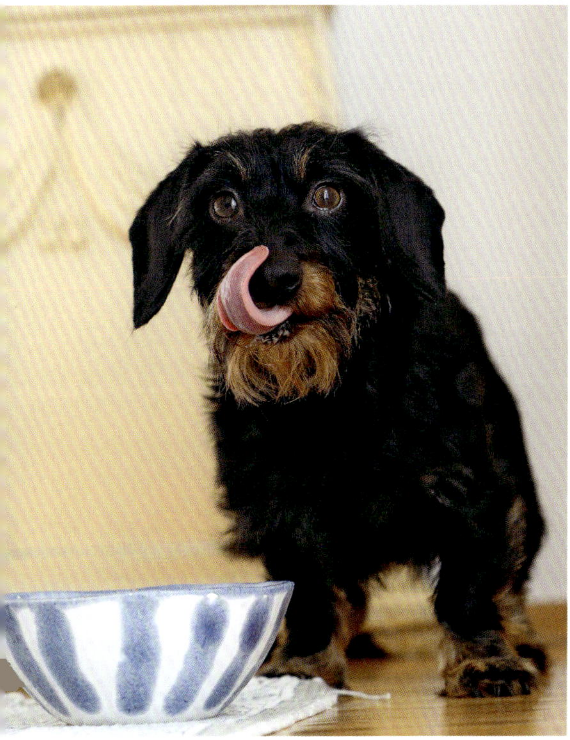

EINLEITUNG

Liebe Hundefreunde,
„Deine Nahrungsmittel seien Deine Heilmittel" sagte schon Hippokrates, ein griechischer Arzt.
„Man ist, was man isst", weiß sicher nicht zu Unrecht ein altes Sprichwort bei uns. Und selbst die „alten Römer" wussten schon sinngemäß, dass ein gesunder Geist nur in einem gesunden Körper wohnt. Dies gilt sicher für unsere Haustiere und treuen Begleiter ebenso wie für uns. Und vielleicht sollten wir uns dessen einmal mehr bewusst werden in Zeiten, in denen wir – wie eine bekannte Köchin einmal sagte –mehr Geld für einen Liter Motoröl für unseren Wagens als für unser Salatöl/Speiseöl auszugeben bereit sind.

In den meisten Kulturen und Philosophien werden Glück und Gesundheit als die erstrebenswertesten Güter gesehen. Nun, das eine ist mit dem anderen unwiderruflich verknüpft. Ein gesunder Mensch hat tausend Wünsche, ein kranker nur (noch) einen, heißt es auch.
Die Frage, die sich in diesem Zusammenhang immer wieder stellt, ist die nach der Rolle der Ernährung. Heute wissen wir, dass eine Vielzahl von Erkrankungen direkt oder indirekt auf eine Mangelernährung beziehungsweise in der westlichen „zivilisierten" und konsumorientierten Welt auf eine Fehlernährung zurückzuführen ist. Während in den armen Ländern der Welt Unter- und Mangelernäh-

rung und deren Folgen überwiegen, leiden wir – und auch unsere Haustiere – vor allem an den teils nicht weniger gravierenden gesundheitlichen Folgen von Fehlernährung. Der vielleicht größte Haken an der Sache ist jedoch die Mittelbarkeit der Auswirkungen fehlerhafter Ernährung. Dies bedeutet, dass die Folgen einer „falschen" Ernährung oftmals derart spät auftreten, dass ein direkter Bezug zur Ernährung nicht oder nur schwer herzustellen ist. Hätte ein Mann, der mit 40 einen Herzinfarkt erleidet, diesen bei einer anderen – gesünderen, vollwertigeren – Ernährung überhaupt nicht oder erst 20 Jahre später erlitten? Wäre ein bestimmter Tumor eines anderen Patienten bei einer entsprechend anderen Ernährung nicht aufgetreten? Hätte der eine oder andere Hund mit einer anderen, gesünderen, hochwertigeren Fütterung nicht vielleicht 14 statt 12 Lebensjahre erreicht? Ein übergewichtiger Hund weniger oder erst zu einem späteren Zeitpunkt Arthrosen entwickelt?

Sicher wissen wir, dass zahlreiche Erkrankungen und deren Folgen einen Ernährungshintergrund haben. Hierzu gehört Fettleibigkeit (Adipositas) mit all ihren direkten und indirekten Auswirkungen und Folgen, zu denen etwa Diabetes (Zuckerkrankheit), Herz-Kreislauf-Erkrankungen, Erkrankungen des Knochen- und Gelenkapparates oder Krebserkrankungen gehören. Dabei kann die Ernährung ausschließlich oder als einer von mehreren Faktoren (Multifaktorialität) ursächlich sein. Die Weltgesundheitsorganisation ließ vor kurzem offiziell und sinngemäß verlauten, dass Fehlernährung vermutlich ernstere gesundheitliche Konsequenzen habe als Rauchen, womit ich natürlich keineswegs das Rauchen anpreisen, sondern lediglich auf die Bedeutung der Ernährung hinweisen möchte.

Verzweifelt versuchen wir – in einigen Fällen erfolgreich –, gesundheitliche Probleme mit einer Ernährungsumstellung zu bekämpfen, wenn nicht gar Krankheiten zu heilen. Die sogenannte ketogene Diät, um nur eine von vielen „therapeutischen Ernährungskorrekturen" zu nennen, zielt beispielsweise darauf ab, bestimmte Tumore regelrecht auszuhungern, d.h. dem Tumor seine wichtigste Energiequelle (Zucker) zu entziehen, in der Hoffnung, ihn somit zu besiegen oder sein Wachstum und seine Ausbreitung wenigstens zu verlangsamen. Functional food heißt ein aktueller Trend, der auch vor der Tierfutterindustrie nicht Halt macht. Dabei werden Nahrungsmittel gezielt mit Zusätzen versehen, denen ein bestimmter positiver Einfluss auf die Gesundheit unterstellt wird.

Eine hochinteressante, am ADHS Research Center in Eindhoven durchgeführte Untersuchung an 100 Kindern mit ADHS (Aufmerksamkeitsdefizit-/Hyperaktivitätssyndrom, eine psychische Störung bisher unklarer Ursache) kam zu dem überraschenden Ergebnis, dass 64 % der Kinder nach einer fünfwöchigen Eliminationsdiät auf der Basis von Reis, Gemüse und Fleisch (keine Softdrinks, Süßigkeiten etc.) keinerlei Symptome/Probleme mehr zeigten und sich ohne Medikamente wie vollkommen normale Kinder verhielten. Eine anschließende Provokation mit verschiedenen zuvor konsumierten Lebensmitteln konnte zeigen, dass pro Kind jeweils mehr oder weniger fünf Lebensmittel die Symptome von ADHS auszulösen im Stande waren. Ein gesunder Geist ...

Gesund und fit dank einer ausgewogenen Ernährung

Nicht nur Fleisch: stärkereiche Zutaten sind wichtige Energielieferanten.

Ähnlich verhält es sich bei unseren Hunden. Mehr und mehr entdecken wir auch hier die nicht zuletzt psychischen Folgen (Verhaltens- oder Wesensveränderungen) fehlerhafter Ernährung.

Als ich gebeten wurde, meinen Ernährungsratgeber für Hunde zu aktualisieren, musste ich feststellen, dass sich in den vergangenen acht Jahren viele die Ernährung von Hunden (und Menschen) betreffende Erkenntnisse geändert haben, was eine Neuauflage mehr als sinnvoll erscheinen lässt. So hat die Deutsche Gesellschaft für Ernährung ihre Bedarfszahlen (Tagesbedarf) für den Vitamin-D-Bedarf eines Menschen erheblich nach oben korrigiert. Experten auf dem Gebiet der Tiernahrung/Diätetik sind zu dem Ergebnis gekommen, dass die bisher angegebenen Bedarfszahlen zum Energiebedarf (Kalorienbedarf) von Hunden (NRC 2006) zu hoch angesetzt und dementsprechend nach unten zu korrigieren sind.

Auch haben sich in diesem Zeitraum das „Konsumverhalten“ und die Wünsche sowie die Ansprüche der Hundehalter bezüglich der Ernährung ihrer Gefährten verändert. Beinahe täglich erleben wir heute in der tierärztlichen Praxis, dass professionelle Ernährungsberatungen gewünscht werden, um Futterrationen selbst frisch zubereiten zu können. Kürzlich haben Forscher bei Hunden eindeutig mehrere Gene ausfindig machen können, die im Gegensatz zu den Vorfahren unserer Haushunde eine Schlüsselrolle bei der Verdauung von Stärke spielen. Mit anderen Worten: der Mythos vom Hund, der keine Stärke „verträgt“ bzw. diese nicht zu verdauen in der Lage ist, ist vom Tisch. Offensichtlich haben sich unsere Haushunde im Laufe von Tausenden von Jahren sehr wohl auch auf genetischer Ebene an unsere Ernährung angepasst. Im Gegensatz zu Katzen als reine Fleischfresser sind Hunde damit als Fleisch- und Allesfresser (Carni-Omnivoren) zu bezeichnen und gegebenenfalls zu behandeln.

Wie steht es nun um die Art der Fütterung von Hunden? Welche Fütterungsmethode („-philosophie“) ist die beste, die gesündeste oder „artgerechteste“? Wie finde ich mich im Dschungel der unzähligen angebotenen Industrieprodukte zurecht und wie kann ich inhaltslose, ja irreführende Werbeversprechen auf den Verpackungen der Hersteller von nützlichen und hilfreichen Inhaltsangaben

Ein Teil der Futterration darf und sollte tierischen Ursprungs sein.

unterscheiden? Muss ich meinen Hund „wölfisch“, also den Ernährungsgewohnheiten seines Vorfahren gemäß füttern? Kann ich diese „ursprüngliche“, artgerechte Ernährung überhaupt vollständig nachahmen?

Noch vor zehn Jahren wurden Tierhalter, die ihre Hunde nach den Regeln der BARF-„Philosophie“ (siehe S. 52) ernähren wollten, oft und gerade auch von Tiermedizinern belächelt und sich selbst und ihren dabei häufig gemachten Fehlern oder dem Rat selbsternannter Hundeernährungsexperten überlassen. Auch hier findet ein Umdenken nicht nur unter Hundehaltern, sondern auch unter Tiermedizinern und entsprechenden Experten statt. Spezialisierte Hochschulen und fachkundige tiermedizinische Ernährungsberater bieten computergestützte Rationsanalysen und -kalkulationen und kompetente Beratungen an, mit deren Hilfe sich Hunde durchaus „artgerecht“ beziehungsweise gesund, ausgewogen und hochwertig ernähren lassen (Adressen im Anhang, S. 124).

Wir erleben heute zumindest in Teilen einer aufgeklärten und informierten Gesellschaft eine deutliche Bewusstseinsänderung in Bezug auf die eigene Ernährung sowie die unserer Vierbeiner und den großen und verständlichen Wunsch nach einer möglichst „gesunden“, idealerweise „artgerechten“ Ernährung unserer Gefährten sowie einer besseren oder möglichst vollständigen Kontrolle über die zur Herstellung von Futterrationen verwendeten Rohstoffe. Während Menschen ihr Heil im Vegetarismus oder Veganismus suchen oder schlichtweg in einem bewussteren, nachhaltigeren Konsumverhalten, geht der Trend beim Hund zu hochwertigen Produkten oder der sogenannten biologisch artgerechten Rohfütterung (BARF). Fakt ist, dass eine weitgehende Kontrolle über die verwendeten Rohstoffe tatsächlich impliziert, Rationen selbst zuzubereiten und die Zutaten selbst zu beschaffen. Viele Menschen entscheiden sich heute bewusst für nachhaltige, gar saisonale und/oder regionale Produkte, Bioprodukte oder auch für „fair gehandelte“ Waren. Die Qualität der verarbeiteten Rohstoffe lässt sich in Fertigfuttermitteln, im Gegensatz zu frischen, selbst erworbenen Zutaten, tatsächlich kaum oder gar nicht überprüfen.

Ein großes persönliches Anliegen ist mir der Blick auf die Herkunft und die Herstellung

Bioqualität muss nicht gesünder sein, garantiert aber eine artgerechtere Haltung von Nutztieren.

von tierischen Erzeugnissen. Wir halten unsere Vierbeiner, weil wir Tiere lieben. Sollten wir bei ihrer Ernährung daher nicht stets auch einen Blick auf die Haltungsbedingungen der zur Produktion von Tierfutter verwendeten Tiere werfen? „Bio" ist zwar heute noch oftmals teurer. Das ist richtig. Aber wer sich einmal mit den Nährstoffbedürfnissen/Bedarfszahlen von Hunden auseinandersetzt, kann bei annähernd gleichem Budget mit weniger tierischen Produkten gesunde, bedarfs- und artgerechte Futterrationen zubereiten, indem man sich beispielsweise am Mindest-Eiweißbedarf orientiert und (siehe Stärkeverdauung, S. 6) einen nicht unerheblichen Teil der Nährstoffe über pflanzliche Zutaten liefert.

Ich habe keinesfalls die Absicht, mit dem vorliegenden Buch den Zeigefinger zu erheben oder Sie von der einen oder anderen „Fütterungsphilosophie" beziehungsweise Fütterungsmethode zu überzeugen oder industriell hergestelltes Fertigfutter pauschal zu verteufeln. Mein Anliegen ist es, Sie ausführlich zu informieren: über die theoretischen Grundlagen der Verdauung, die Nährstoffbedürfnisse unserer Hunde sowie die Vor- und Nachteile verschiedener Futtermittel und Fütterungsmethoden; Sie in die zu Lage zu versetzen, Packungs- und Produktangaben auf Fertigfuttermitteln zu interpretieren und relevante Angaben auf den Verpackungen von bloßen Werbeaussagen zu unterscheiden und Ihnen am Ende die Entscheidung zu ermöglichen, welche Art der Fütterung je nach Lebensumständen, gesundheitlichen Aspekten sowie individuellen Faktoren für Vierbeiner geeignet erscheint. Dabei lernen Sie im Sinne einer „artgerechten" Ernährung die besonderen Nährstoffbedürfnisse von Hunden kennen und können der Verantwortung, die wir unseren Schützlingen gegenüber haben, gerecht werden.

Ich wurde einmal von einer Kundin nach der Art meiner eigenen Ernährung gefragt. Spontan antwortete ich, dass ich mich zu 70 % vegetarisch und zu 30% vegan ernähre. „So etwas gibt es nicht, Sie müssen sich da schon festlegen", erhielt ich von der überzeugten Veganerin als Antwort. Ich stutzte und erwiderte dann ebenso spontan, dass es ein „gibt's nicht" nicht gibt. Und dass ich mir gerne vorbehalten würde, verschiedene Ernährungsweisen/-philosophien nach Belieben und Befinden zu kombinieren, ohne das Gefühl bekommen zu müssen, dabei irgendetwas oder irgendwen zu verraten. Worauf ich hinaus will? Ein heute in vielen Bereichen und selbst bei der Ernährung unserer Schützlinge an den Tag gelegter Fanatismus, fast könnte

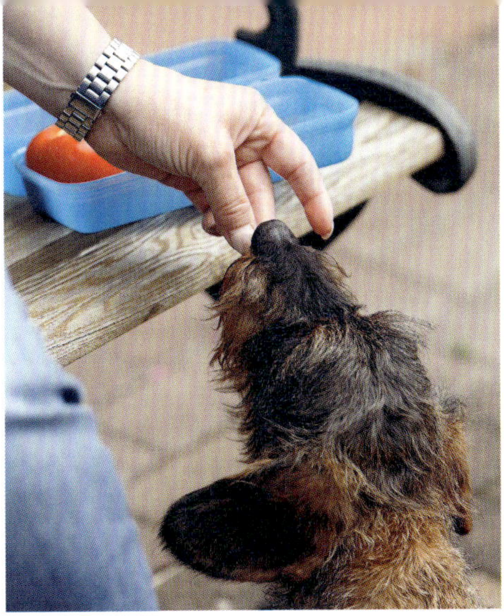
Sehr beliebt: gesunde Leckerli

Knochen sind nicht für jeden Hund geeignet.

man sagen Extremismus, ist in meinen Augen nicht nur vielfach überflüssig, sondern oft kontraproduktiv, da das Nicht-Einhalten der in der Regel allzu dogmatisch und streng selbst auferlegten, komplizierten Regeln am Ende eher zu Frustration führt und die ganze Sache ins Gegenteil umschlagen lässt. Sie wollen BARFEN und trotzdem ab und zu einen Beutel Fertigfutter füttern oder auch umgekehrt Ihren Hund mit handelsüblichem industriellen Fertigfutter ernähren, ihm jedoch ab und zu etwas „Frisches" zubereiten, um für Abwechslung und „Fressspaß" zu sorgen? Sicher ist dies alles möglich. Eine einfache Wahrheit lautet ohnehin, dass es das ideale Futter für jeden Hund schlicht und einfach nicht gibt. Es gibt Hunde, die Feuchtfutter besser vertragen als handelsübliche Trockenfutter oder umgekehrt. Einige Vierbeiner vertragen ausschließlich selbst und frisch zubereitetes Futter, der eine oder andere „fährt" wiederrum mit industriellem Fertigfutter besser.

In einem gesonderten Kapitel werde ich auf die Fütterung bei verschiedenen Unverträglichkeiten und Erkrankungen sowie in besonderen Lebensabschnitten eingehen (Trächtigkeit, Welpen, alte Hunde), da hier einige Besonderheiten und spezielle Anforderungen an die Nährstoffversorgung der Tiere bestehen. Mögliche Wiederholungen im Rahmen dieses Buches bitte ich zu entschuldigen und als Ausdruck dafür zu werten, dass sich einige Fakten aus unterschiedlichen Perspektiven beleuchten lassen, was unter Umständen zu einem besseren Verständnis beitragen kann. Bekannterweise führen viele Wege nach Rom. Ich wünsche Ihnen viel Spaß bei der Lektüre und ein möglichst langes und gesundes Leben gemeinsam mit Ihrem und für Ihren Vierbeiner.

Ihr Dr. Martin Bucksch

DER HUND — *Fleisch- oder Allesfresser?*

DIE NAHRUNGSAUFNAHME

Um die Nahrungs- und Ernährungsbedürfnisse des Hundes besser zu verstehen, schaut man sich am besten die Ernährungsgewohnheiten seines Vorfahren, des Wolfes, an.

Wie bereits in der Einleitung erläutert, wissen wir, dass sich der Haushund genetisch vom Vorfahren Wolf weg und hin zu einer an die menschliche Ernährungsweise (z. B. Stärkeverwertung) angepasste Verdauung entwickelt hat. Vieles deutet zudem darauf hin, dass der Wolf im Vergleich zu den Nährstoffempfehlungen unserer Haushunde bei bestimmten Mineralstoffen und Spurenelementen eine erhöhte Aufnahme zeigt, weshalb der Blick auf den Wolf nur bedingt aussagekräftig und daher differenziert zu betrachten ist.

NAHRUNGSVIELFALT

Die Aussage, der Hund (Wolf) sei ein reiner Fleischfresser (lat. carnivor = Fleischfresser) ist in der Tat irreführend. Der natürliche Speiseplan auch des Wolfes geht weit über den ausschließlichen Verzehr von Muskelfleisch hinaus. Er ernährt sich von Beutetieren, die er – besonders wenn es sich um kleinere Tiere oder Aas handelt – „mit Haut und Haar" verschlingt. Abgesehen vom Fell werden hier insbesondere Innereien, zu einem kleinen Teil gelegentlich auch der Mageninhalt von Pflanzenfressern sowie Knorpel und Knochen aufgenommen und verwertet. All dies liefert dem Wolf eine Fülle wichtiger Nährstoffe. Erst durch die Summe dieser Nahrungskomponenten wird die Mahlzeit „vollwertig".

Darüber hinaus stehen auf seinem Speiseplan gelegentlich Gräser, Kräuter, Beeren, Samen und Wurzeln (und das nicht nur in mageren Zeiten). Gelegentlich fressen Wölfe auch den (ballaststoffreichen) Kot von Pflanzenfressern. Dieser liefert neben Faserstoffen auch Mineralstoffe und Vitamine. Das Fressen von Wildfrüchten lässt sich offensichtlich überwiegend bei Welpen beobachten.

Interessant: Ein ausgewachsener Wolf benötigt bis zu 3 kg Nahrung pro Tag. Er ist in der Lage, große Mengen auf einmal aufzunehmen, um gegebenenfalls längere Fastenphasen zu überstehen. Deshalb ist sein Magen überaus dehnbar und gestattet die Aufnahme von bis zu einem Fünftel seines Körpergewichtes. Bei einem 80 kg schweren Menschen entspräche dies einer Mahlzeit von 16 kg.

Ein „klassisches" Beutetier für den Hund.

Wenn die Frage auf die ausgewogene und ausreichende Nährstoffversorgung und deren gesundheitlichen Nutzen für unsere Haushunde kommt, gilt es zu bedenken, dass ein Wolf in freier Wildbahn selten (Ausnahmen werden natürlich beobachtet) älter als fünf Jahre wird. Wir müssen uns dabei vergegenwärtigen, dass die Priorität in der Natur auf der möglichst umfangreichen, schnellen und erfolgreichen Weitergabe der Gene liegt (Reproduktion) und nicht zwangsläufig auf dem Erreichen eines hohen Lebensalters. Anders bei unseren vierbeinigen Gefährten, von denen wir uns wünschen, dass sie möglichst lange ihr Leben mit uns teilen und dementsprechend ein hohes Alter erreichen.

Biologisch gesehen handelt es sich bei unseren Haushunden also, wie gesagt, nicht um reine Fleischfresser (Carnivoren), sondern um sogenannte Fleisch- und Allesfresser (Carni-Omnivoren), mit anderen Worten um Allesfresser mit überwiegend fleischlicher Kost. Dies bedeutet, dass unsere Haushunde durchaus abwechslungsreich ernährt werden können und dürfen und prinzipiell erst einmal nichts gegen kommerzielles Trockenfutter, ja vegetarische Rationen (nicht oder nur zu einem kleinen Teil vegan!) sowie selbst zubereitete (gekochte oder rohe) Futterrationen mit einem entsprechenden Fleischanteil spricht. Ernährungsphysiologisch und evolutionsbiologisch betrachtet spricht – abgesehen von Hunden mit bestimmten Unverträglichkeiten – überhaupt nichts gegen die Verfütterung von Getreide oder stärkehaltigem Gemüse (z. B. gekochten Kartoffeln), gekochtem Reis oder ebenfalls gekochten Nudeln. Bis zu einem Drittel der in der Ration enthaltenen Energie kann ohne weiteres aus Stärke bestehen. Es scheint gar, dass sich Hunde an derartige Rationen anzupassen in der Lage sind, indem sie mehr stärkeverdauende Enzyme (Amylase) bilden. Bei bestimmten Erkrankungen (z. B. des Verdauungsapparates oder der Nieren) kann oder muss gar Eiweiß oder Fett durch Kohlenhydrate in Form von Stärke ersetzt werden (siehe S. 109).

Selbst kochen – für Vielfalt und Abwechslung im Napf

DIE AUSGEWOGENHEIT VON FUTTERRATIONEN

Eine Ausgewogenheit der Nährstoffe gemäß dem Bedarf eines Individuums sollte über Zeiträume von Wochen und Monaten gewährleistet sein. Es gibt keine biologische Notwendigkeit, jede einzelne Mahlzeit so zuzubereiten, dass sie komplett ausgewogen ist, da der Organismus über vielfältige Speicherfunktionen verfügt. Umgekehrt muss jedoch auch darauf hingewiesen sein, dass es nicht ausreichend oder sogar kontraproduktiv sein kann, die erforderliche Menge bestimmter Nährstoffe durch die einmal wöchentliche oder gar monatliche Fütterung entsprechender Rohstoffe zu erzielen. Dies hängt damit zusammen, dass die Aufnahmefähigkeit des Verdauungstraktes bezogen auf einige Nährstoffe limitiert ist. Hinzu kommt, dass große Mengen bestimmter Nährstoffe – auf einmal verabreicht – die Aufnahme anderer Stoffe hemmen oder behindern können und dass sich die Speicherkapazitäten verschiedener

Nährstoffe in den körpereigenen Organen und Geweben je nach Nährstoff erheblich voneinander unterscheiden.
Die Zufuhr der Mengenelemente Kalzium und Phosphor sollte mehr oder weniger regelmäßig und praktisch täglich konstant erfolgen, während Leber als Lieferant von unter anderem Vitamin A oder Kupfer auch in entsprechender Menge einmal wöchentlich gefüttert werden kann.

ENERGIE
Energiegewinnung und -freisetzung erfolgt durch Verbrennung organischen Materials. Dies geschieht durch den stufenweisen Abbau von höhermolekularen Nährstoffen (hauptsächlich Kohlenhydraten und Fetten) zu Kohlendioxyd und Wasser. Hierbei wird in kleinen Etappen Energie in Form von Wärme gewonnen.

BRENN- UND BAUSTOFFE

Die Nährstoffe, die der Hund, wie alle anderen Lebewesen, benötigt, erfüllen zwei Grundfunktionen:
1. Sie dienen als Energielieferanten, d. h. sie liefern das Brennmaterial zur Energiegewinnung.
2. Sie dienen als Baumaterial zum Aufbau körpereigener Substanz.

Einige Nährstoffe erfüllen ausschließlich den einen oder anderen Zweck (z. B. Mengen- oder Spurenelemente). Eiweiß hingegen dient zwar überwiegend als Bausubstanz für körpereigenes Material, kann aber in Ermangelung eines anderer Energielieferanten wie Kohlenhydrate oder Fette vom Körper auch zur Energiegewinnung herangezogen werden. Sämtliche körpereigenen Prozesse (Aktivität, Wachstum, Aufrechterhaltung der Körpertemperatur usw.) sind auf Energie angewiesen.

DER VERDAUUNGSTRAKT

Der Verdauungstrakt des Hundes ist im Vergleich mit anderen Spezies relativ kurz. Wie alle Fleischfresser kann er keine Zellulose (pflanzliche Faser, siehe S. 22/23) verwerten und muss sich von Lebewesen ernähren, die diese Aufgabe bereits für ihn übernommen haben. Pflanzenfresser hingegen bedienen sich einer komplexen bakteriellen Flora und Fauna, die sie überwiegend in bestimmten Magen- (Wiederkäuer) und Darmabschnitten (sonstige Pflanzenfresser) beherbergen. Diese Fremdorganismen sind in der Lage, pflanzliches Rohmaterial wie Zellulose aufzuschlüsseln und für den höheren Organismus strukturell und energetisch verwertbar zu machen. Kurz und vereinfacht ausgedrückt: Der Pflanzenfresser verwertet die Mikroorganismen und deren Stoffwechselprodukte, der Fleischfresser den Pflanzenfresser.
Interessant: Durch die bakterielle Vorverdauung pflanzlicher Nahrung (auch von z. B. stärkehaltigem Getreide) nimmt ein Raubtier (Wolf, Hund) mit dem Darminhalt der Beutetiere vorverdaute Nahrung auf. Diese somit bereits aufgeschlüsselten Stoffe sind eher mit gekochtem Gemüse oder Getreide zu vergleichen, weshalb nichts gegen und sogar einiges für das Erhitzen/Dünsten/Kochen insbesondere einiger Gemüsesorten und Getreidearten spricht. Auch wenn einige Nährstoffe, insbesondere Vitamine, durch Erhitzen (teilweise) zerstört werden und somit zu einem Teil verloren gehen, so sind andere Stoffe (z. B. Stärke) durch diese Art der Verarbeitung für den Hund erst verdaulich (z. B. Kartoffeln und andere Gemüsesorten, Getreide) oder nutzbar. Hülsenfrüchte, insbesondere Bohnen etc., dürfen ohnehin nicht roh gefüttert werden, wie wir noch sehen werden.
Anatomisch gesehen ist der Verdauungstrakt ein schlauchförmiger Kanal, dem einige Anhangsdrüsen angegliedert sind (u. a. Leber,

Bauchspeicheldrüse). In seiner gesamten Länge umfasst er beim Hund die ca. fünf- bis sechsfache Körperlänge, sein Gewicht beträgt je nach Größe des Hundes zwischen ca. 3 % (bei einem 60 kg schweren Hund) bis 7 % der Körpermasse bei einem 5 kg schweren Hund. Kleinere Hunde haben im Vergleich zu großen Rassen also einen proportional größeren Verdauungstrakt. Diese Unterschiede erklären auch, warum große Hunde in der Regel häufiger Kot absetzen und die Kotqualität oft schlechter ist im Vergleich zu kleinen Hunden. Besonders große Hunde profitieren aus den genannten Gründen womöglich mehr von hochverdaulichem Futter.

DIE VERDAUUNG

Als Verdauung bezeichnen wir die Zerkleinerung aufgenommener Nahrung in ihre Einzelbestandteile, die anschließend nebst den enthaltenen Nährstoffen vom Organismus aufgenommen und verwertet werden können. Sie findet überwiegend im Magen- und Darmtrakt statt. Einen wichtigen Teil des Verdauungstrakts bilden die Leber sowie die Bauchspeicheldrüse. Der Speisebrei gelangt zunächst über die Speiseröhre in den Magen. Die Verdauung der Nährstoffe erfolgt überwiegend mittels der körpereigenen Verdauungsenzyme, sozusagen „biochemische Werkzeuge", die die Nahrungsbestandteile in immer kleinere Einheiten zerlegen, bis hin zu einer Größe, die über die Darmschleimhaut aufgenommen werden kann. Die Nährstoffe können somit dem Körper zur Verfügung gestellt werden. Einen wesentlichen Anteil haben auch Mikroorganismen wie z. B. Bakterien (Darmflora), die überwiegend im Dickdarm tätig sind. In letzterem finden sich an die 100 Milliarden Bakterien pro Gramm Darminhalt. Da sich unterschiedliche Bakterien auf die Verdauung verschiedener Nährstoffe (Stärke, Eiweiß) spezialisiert haben, hängt die Zusammensetzung der Darmflora von jener der Nahrung ab beziehungsweise lässt sich durch diese beeinflussen. Diese bakteriellen Verdauungsprozesse bezeichnen wir als (bakterielle) Fermentation. Damit die Verdauungsprozesse ungestört ablaufen können, sind sowohl chemische als auch mechanische

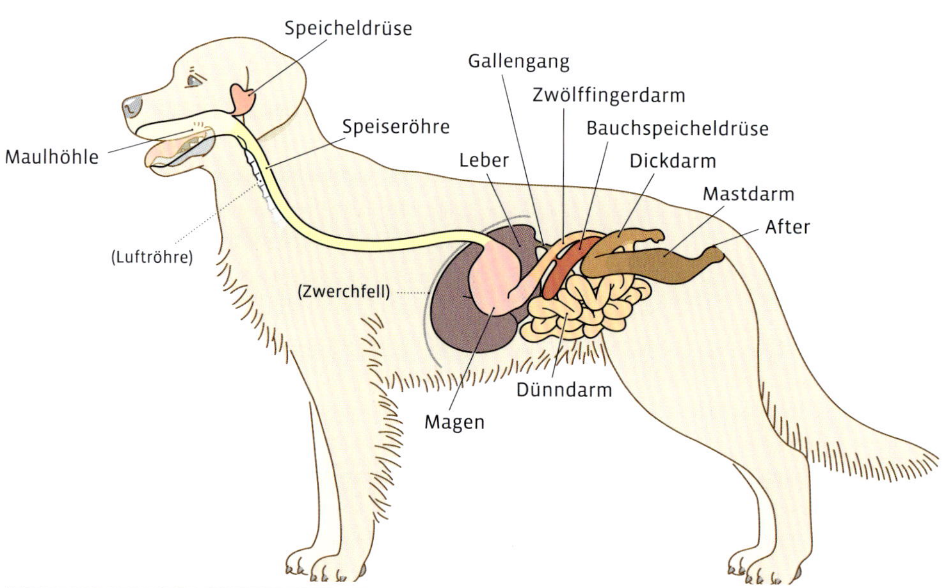

Schematische Darstellung des Verdauungstrakts eines Hundes

MYTHOS MAGENSÄURE

Im Gegensatz zur weit verbreiteten Meinung tötet die Magensäure des Hundes zwar einige, aber längst nicht alle Keime erfolgreich ab. So gehören beispielsweise Milchsäurebakterien, aber auch gefährliche Keime wie Salmonellen zu den sogenannten säureresistenten Keimen, die den Magen problemlos und ungehindert passieren können. Dies sollte beispielsweise bei der Rohfütterung insbesondere (wenngleich nicht ausschließlich) von Geflügel berücksichtigt werden.

Faktoren (Darmperistaltik) entscheidend. Eine große Rolle spielt hierbei der Säuregrad (pH-Wert, siehe S. 18) in den verschiedenen Abschnitten des Verdauungskanals.
Der gesamte Verdauungsprozess dauert beim Hund ungefähr einen Tag.

IM MAUL

Hunde zerkauen die aufgenommene Nahrung allenfalls grob. Wie jedem Hundebesitzer bekannt ist, sorgen Reflexe dafür, dass der Speichelfluss bereits (kurz) vor der Nahrungsaufnahme einsetzt. Im Gegensatz zu anderen Lebewesen einschließlich des Menschen enthält der Speichel des Hundes keine Verdauungsenzyme. Vom Maul gelangt die mithilfe des Speichels – vereinfacht ausgedrückt – also lediglich gleitfähig gemachte, grob zerkleinerte Nahrung über die Speiseröhre in den Magen. Die Speiseröhre selbst besteht aus einem mit Schleimhaut ausgekleideten Muskelschlauch, der die Nahrung mittels wellenförmiger Kontraktionen aktiv in den Magen befördert.

IM MAGEN

Im Magen beginnt die enzymatische Verdauung, d.h. die chemische Zerkleinerung und Zerlegung der Nahrungsbestandteile in immer kleinere Strukturen. Die Nahrung wird mittels der mageneigenen Salzsäure bei einem pH-Wert von bis zu unter 2 angesäuert und die Eiweißaufspaltung durch das im sauren Milieu äußerst wirksame Enzym Pepsin begonnen. Durch die Salzsäure werden schädliche Bakterien teilweise abgetötet. Eine Schleimschicht auf der inneren Oberfläche schützt den Magen vor „Selbstverdauung". Innerhalb einiger Stunden wird der Mageninhalt portionsweise in den Dünndarm weitergeleitet. Dies geschieht umso schneller, je zerkleinerter bzw. flüssiger das Futter ist.

IM DÜNNDARM

Im Dünndarm findet die Aufnahme des größten Teils der im Futter enthaltenen Nährstoffe statt. Er ist in drei Abschnitte unterteilt, die in ihrer Gesamtheit den längsten und wichtigsten Teil des Darmtraktes darstellen. Anatomisch handelt es sich bei den Dünndarmabschnitten (vom Magen in Richtung Dickdarm) um den Zwölffingerdarm (hier münden die Ausführungsgänge der beiden wichtigen Darmanhangsdrüsen Leber und Bauchspeicheldrüse), den Leerdarm und den Hüftdarm.
Um eine größtmögliche Aufnahme der Nahrungsbestandteile zu gewährleisten, ragen unzählige Ausstülpungen (Zotten) in das Lumen (das Darminnere) des Dünndarmes, die ihrerseits mit einem sogenannten Bürstensaum versehen sind. Dies vergrößert die Oberfläche der Darmschleimhaut um ein Vielfaches.
Im Dünndarm setzt sich die Eiweißverdauung, unterstützt durch den von der Bauchspeicheldrüse abgesonderten Bauchspeichel, fort. Hier befinden sich auch diejenigen Enzyme, die für die zusätzliche Verdauung von Kohlenhydraten und Fetten zuständig sind. Die in der Leber produzierte und ebenfalls in den Dünndarm geleitete Galle spielt neben anderen Funktionen eine entscheidende Rolle bei der Aufnahme der zuvor aufgespaltenen Fette. Mit ihrer Hilfe werden die fettspaltenden Enzyme des Bauchspeichels aktiviert und die so entstehenden Fettbestandteile mithilfe der Gallensäuren löslich gemacht, sodass ihre

Aufnahme über die Darmschleimhaut erfolgen kann. Letztere produziert ihrerseits einen Saft, dessen Enzyme die Eiweiß-, Kohlenhydrat- und Fettverdauung fortsetzen. So kommt es im Dünndarm zu einer Vermischung und weiteren Zerlegung der Nahrungsbestandteile in immer kleinere Bausteine (z. B. Zweifachzucker in Einfachzucker oder Eiweiße in Aminosäuren, siehe S. 24, 26), die von den Schleimhautzellen aufgenommen werden.

Zu den weiteren Faktoren, die die Geschwindigkeit der Nahrungspassage beeinflussen, gehören die Fütterungsfrequenz (schnellere Passage bei mehreren Mahlzeiten), der Ballaststoffgehalt des Futters (ein hoher Gehalt führt ebenfalls zu einer schnelleren Passage) sowie die Länge der Ruhephasen nach dem Fressen (körperliche Aktivität direkt nach dem Fressen wirkt sich verlangsamend aus).

IM DICKDARM

Der dem Dünndarm folgende Dickdarm ist beim Hund, verglichen mit anderen Säugetieren, einfach aufgebaut, relativ kurz und wird

DIE BAUCHSPEICHELDRÜSE

Hunde verfügen über eine besonders ausgeprägte Fähigkeit zur Fettverdauung, was hauptsächlich den Enzymen der Bauchspeicheldrüse zu verdanken ist. Deshalb kann es bei ihrer Erkrankung zu schweren Magen-Darm-Problemen kommen. Die Bauchspeicheldrüse ist ein hochsensibles Organ, das auf verschiedene äußere Faktoren (Stress, Arzneimittel, Unverträglichkeiten) reagieren kann. Außer dem für die Produktion der genannten Verdauungssäfte zuständigen Gewebe enthält sie Zellen, die die lebenswichtigen, den Blutzucker regulierenden Hormone Insulin und Glukagon produzieren. Bei Erkrankungen (Entzündungen) der Bauchspeicheldrüse kann es in Teilen zu einer Art Selbstverdauung des Organs durch die in ihr vorhandenen Verdauungsenzyme kommen, deren dadurch bedingtes Fehlen im Darm die Verdauung maßgeblich behindern kann.

Der Grad der Zerkleinerung bestimmt unter anderem die Geschwindigkeit der Verdauung.

anatomisch in die Abschnitte Blinddarm, Grimmdarm und Mastdarm unterteilt. Im Dickdarm (besonders im Mastdarm) herrscht eine umfangreiche Besiedelung mit Bakterien, die durch entsprechende Fermentierungsprozesse maßgeblich zur weiteren Verdauung und Verarbeitung des Speisebreis beitragen. So entstehen z. B. aus pflanzlichen Faserstoffen sogenannte flüchtige Fettsäuren, die als Energiequelle genutzt werden können. Der Großteil des Flüssigkeitsanteils des Speisebreis wird hier resorbiert, d.h. vom Körper über die Dickdarmschleimhaut zurückgeholt. Der unverdaute Nahrungsrest sammelt sich im Mastdarm, bis dieser sich leert. Bei Dickdarmerkrankungen kann dieser Prozess gestört und die Kotkonsistenz entsprechend verändert sein (Durchfall).

Interessant: Das im Darm angesiedelte lymphatische System bildet den größten Teil des körpereigenen Immunsystems, das unter anderem für die Abwehr schädlicher Stoffe bzw. Krankheitserreger zuständig und verantwortlich ist. Wird die Darmschleimhaut geschädigt, beispielsweise durch Infektionen, Parasiten oder sonstige entzündliche Prozesse, so gelangen Nahrungsbestandteile über diese defekte Barriere in den Blutkreislauf, die die intakte Barriere ansonsten aufgrund ihrer Größe nicht überwunden hätten. Vom Immunsystem als zu bekämpfende Fremdstoffe eingestuft, können diese Stoffe als „Nahrungsmittelallergene" fungieren und somit zur Entstehung von Futtermittelallergien führen, bei denen der Organismus auf in der Nahrung enthaltene, an und für sich harmlose Stoffe reagiert (siehe auch S. 110).

VERDAULICHKEIT

Für die Nutzung von Nährstoffen durch den Organismus ist die sogenannte Verdaulichkeit von Bedeutung. Diese bezeichnet die tatsächlich vom Körper aufgenommene und somit dem Körper verfügbar gemachte Futtermenge. Sie wird in Prozent angegeben und errechnet sich aus der Differenz zwischen den über die

Ein kleines Verdauungsnickerchen gefällig?

Nahrung aufgenommenen und den über den Kot ausgeschiedenen Nährstoffen. So werden bei einem hochverdaulichen Futter relativ wenige Nährstoffe wieder mit dem Kot ausgeschieden. Ein größerer Anteil kann vom Körper genutzt werden. Da mit dem Kot z. B. auch Darmsäfte und Schleimhautzellen ausgeschieden werden, die ja nicht unverdaute Nahrung, sondern körpereigene Substanz darstellen, ist es korrekter, von einer „scheinbaren Verdaulichkeit" zu sprechen. Die tatschliche Verdaulichkeit liegt etwas darüber.

Ein Beispiel: Mit dem Futter werden von einem Hund 100 g Rohprotein aufgenommen, 20 g werden über den Kot ausgeschieden. Die scheinbare Verdaulichkeit beläuft sich also auf 80 %, d.h. 80 g des aufgenommenen Rohproteins wurden vom Körper zur Verwertung einbehalten. Je höher die Verdaulichkeit eines

Unter anderem die körperliche Aktivität entscheidet über den Nährstoffbedarf der Hunde.

Futters, umso geringer ist also die ausgeschiedene Kotmenge. Unterschiede von lediglich 10% in der Verdaulichkeit können bereits zur doppelten Kotmenge führen!

Beispiel Eiweiß: Frisches Fleisch weist eine Verdaulichkeit von 98 % auf, die bei Pansen auf 93 %, bei Erbsen auf 85 % sinkt (Quelle: Meyer und Zentek, 2013). Ebenfalls interessant ist, dass bei selbst zubereiteten Futterrationen die Verdaulichkeit in der Regel bei über 90 % liegt, während kommerzielle Futtermittel selten über 85 % erreichen.

DAS MILIEU IM MAGEN-DARM-TRAKT

pH-Wert Der pH-Wert ist ein Maß für die Stärke der sauren bzw. basischen Reaktion einer wässrigen Lösung (pH unter 7 = saure Lösung; pH 7 = neutrale Lösung; pH über 7 = alkalische/basische Lösung).

Der pH im Magen des Hundes liegt im sauren Bereich: teilweise (nicht permanent!) unter 2. Diesem sauren Milieu ist es zu verdanken, dass ein Teil der abgeschluckten Keime abgetötet wird. So kann der Hund selbst Aas oder verdorbene Nahrung schadlos aufnehmen, vorausgesetzt, es sind keine bakteriellen Gifte enthalten. Zudem wird das mageneigene eiweißspaltende Enzym Pepsin erst im sauren Milieu aktiv. Im Dünndarm hilft der basische Bauchspeichel, neutrale bzw. leicht basische Werte zu erreichen. Im Dickdarm schließlich herrscht ein leicht saures Milieu.

Wassergehalt Der Inhalt im Dünndarmbereich ist flüssig (75 bis 90 % Wasseranteil durch Beimengung von Magen- und Darmsaft sowie Bauchspeichel), im Dickdarm ist ein Großteil des Wassers resorbiert und der Inhalt nimmt zunehmend feste Konsistenz an (Wasseranteil 60 bis 75 %)

Sauerstoffkonzentration Die Sauerstoffkonzentration des Darminhaltes spielt für die Verdauung eine wichtige Rolle. Sie nimmt progressiv ab, sodass den mit dem Futter aufgenommenen Keimen die Lebensgrundlage entzogen wird. Die größtenteils im Dickdarm arbeitende bakterielle Flora benötigt für ihre Aktivität ein sauerstoffarmes Milieu. Diese Keime bezeichnet man als Symbionten, da sie mit dem Körper eine Kooperation bilden. Beide sind aufeinander angewiesen und profitieren von diesem Zusammenschluss. Die Darmflora ist in der Lage, unverdauliche Faserstoffe teilweise zu verdauen und somit den Wirt (Hund) mit wichtigen Nährstoffen (kurzkettige Fettsäuren, Vitamine) zu versorgen.

NÄHRSTOFFE IM ÜBERBLICK

Jeder Nahrungs- bzw. Futtermittelbestandteil, der dazu beiträgt, Leben zu erhalten, ist ein Nährstoff.

NÄHRSTOFF-GRUPPEN

Nährstoffe sind essenziell oder nicht essenziell. Ersteres bedeutet, der Körper ist nicht in der Lage, diesen selbst herzustellen und daher darauf angewiesen, ihn über die Nahrung aufzunehmen. Für den Hund sind beispielsweise zehn, für die Katze elf Aminosäuren (AS) essenziell. Die Nährstoffe lassen sich in sechs Gruppen einteilen:

- Wasser
- Kohlenhydrate (Zucker)
- Proteine (Eiweiß)
- Lipide (Fette)
- Mineralstoffe: Mikromineralstoffe (Spurenelemente) und Makromineralstoffe (Mengenelemente)
- Vitamine

Kohlenhydrate, Eiweiß und Fett bilden die Energie liefernden Nährstoffe.
Jeden Tag werden vom Körper zur Aufrechterhaltung der Lebensfunktionen verschiedene Nährstoffe in unterschiedlichen Mengen benötigt.

KÖRPER- UND STOFFWECHSELGEWICHT

Als Maßstab/Richtlinie für den täglichen Mindestbedarf sämtlicher relevanter Nährstoffe für Hunde gelten die 2006 vom NRC (National Research Council) veröffentlichten Bedarfszahlen. Die korrekte Berechnung des Tagesbedarfs eines jeden Nährstoffes erfolgt aufgrund der enormen Größenunterschiede unserer Haushunde (Körpergewichte ausgewachsener Hunde schwanken je nach Rasse zwischen 1 kg und 70 kg und mehr) und der damit verbundenen komplexen physiologischen Besonderheiten/Zusammenhänge, jedoch nicht pro kg Körpergewicht. Denn mit steigendem Körpergewicht des Hundes nimmt der Nährstoffbedarf pro kg KGW ab. Zur Verdeutlichung: Ein 10 kg schwerer Hund benötigt pro Tag nicht etwa die 10-fache Menge Kalzium verglichen mit einem 1 kg schweren Hund, sondern lediglich die 5,6-fache. Die Berechnung erfolgt also nicht

Der Energiebedarf hängt von der Körpergröße des Hundes ab.

pro kg Körpergewicht, sondern pro kg „metabolischer Körpermasse“, auch als Stoffwechselgewicht beschrieben. Zur Errechnung der metabolischen Körpermasse wird das Körpergewicht in kg mit 0,75 potenziert.
Für die Berechnung mit einem Taschenrechner wird das Körpergewicht des Hundes 2 x mit sich selbst multipliziert (Beispiel 10 Kg: 10 x10 x10 = 1000) und aus dem Ergebnis 2 x die Quadratwurzel gezogen. So kann einem 10 kg schweren Hund die metabolische Körpermasse von abgerundet 5,6 kg zugeordnet werden.

ENERGIEGEHALT

Die im Futter enthaltene und vom Hund umsetzbare Energie wird als metabolisierbare (= umsetzbare) Energie bezeichnet und in den Einheiten MJ (Megajoule) bzw. kcal (Kilokalorien) angegeben.

Wie bereits erwähnt, bilden Kohlenhydrate, Fett und Eiweiß die energieliefernden Nährstoffe, wobei Eiweiß überwiegend strukturelle Funktionen erfüllt und als Energielieferant eher eine Reservefunktion innehat.
Kohlenhydrate zählen zu den am schnellsten verfügbaren Energielieferanten und sind somit z. B. für „Sprinter“ wie Rennhunde von enormer Bedeutung.
Fett liefert vergleichsweise mehr Energie pro Gramm, deren Bereitstellung aber längere Zeit in Anspruch nimmt. Somit stellt Fett besonders für Ausdauersportler wie Schlittenhunde eine optimale Energiequelle dar.
Jeder Nährstoff kann bei zu niedriger Konzentration anhaltend die Körperfunktionen beeinträchtigen und umgekehrt– bei entsprechend zu hoher Konzentration – sogar zum „Gift“ werden.

Wasser sollte jedem Hund stets zur Verfügung stehen; auch unterwegs.

WASSER

Ohne Wasser kein Leben! Wasser besteht chemisch aus Wasserstoff und Sauerstoff. Es macht den Hauptteil der Körpermasse aus (40 bis 80 %) und ist als Lösungsmittel, z. B. am Transport von Körperflüssigkeiten und den in ihnen gelösten Stoffen, sowie an allen wichtigen Stoffwechselprozessen und chemischen Reaktionen beteiligt. Den größten Teil des benötigten Wassers muss der Körper von außen in Form von Trinkwasser bzw. über die Nahrung aufnehmen, nur ein kleiner Teil bildet sich im Körper im Zuge von chemischen Reaktionen (Energiegewinnung).

WASSERBEDARF

Die Wassermenge, die ein Hund täglich aufnehmen muss, entspricht in etwa der täglichen Energieaufnahme in Kilokalorien (pro Tag = ca. 1,6 * Ruheumsatz). Bei einem gesunden Hund bedeutet dies ca. 50 (40 bis 70) ml Wasser pro kg Lebendmasse und Tag.
In Situationen, in denen es zu vermehrtem Flüssigkeitsverlust kommt, besteht ein erhöhter Wasserbedarf. Diese sind:

— erhöhte Außentemperaturen
— Laktation
— erhöhte Körpertemperatur
— Polyurie (vermehrte Harnproduktion)
— Flüssigkeitsverluste durch Erbrechen und/ oder Durchfälle
— starke Blutungen
— Verbrennungen

Dem Hund sollte stets („ad libitum") sauberes, frisches Wasser zur Verfügung stehen!

WASSERVERLUST

Tiere können fast ihr gesamtes Körperfett sowie 50% ihres körpereigenen Eiweißes verlieren und überleben. Ein Wasserverlust von 15% dagegen ist tödlich.

Reis und Nudeln gehören zu den stärkereichen Rohstoffen.

KOHLENHYDRATE

Kohlenhydrate bestehen aus Kohlenstoff, Wasserstoff und Sauerstoff. Sie gehören zu den Energie liefernden Nährstoffen. Hierfür wird z. B. Glukose (Einfachzucker) zu ATP (einem energiereichen Molekül), Kohlendioxyd und Wasser umgewandelt.
Zu den Kohlenhydraten gehören:

1. Einfachzucker
   – Monosaccharide (mono = ein, Saccharid = Zucker) –> z. B. Glukose
   – Disaccharide (di = zwei) –> z. B. Laktose
2. Oligosaccharide
   (oligo = einige, bestehen aus 3 bis 9 Zuckereinheiten) –> z. B. Raffinose
3. Polysaccharide (poly = viele)
   – Stärke –> z. B. Amylose, Glykogen
   – Rohfaser –> z. B. Zellulose, Pektin

Stärke und Rohfaser unterscheiden sich durch die Art der chemischen Bindung zwischen den einzelnen Zuckereinheiten. Dies entscheidet über die Verdaulichkeit: Die Enzyme des Hundes (sowie aller Säugetiere) sind nicht in der Lage, die Bindungen zwischen den Zuckereinheiten der Ballaststoffe (Rohfaser) zu spalten. Deshalb zählt Rohfaser zu den unverdaulichen Kohlenhydraten, Stärke hingegen zu den verdaulichen. Bakterien verfügen dagegen über die nötigen Enzyme, weshalb im Dickdarm des Hundes eine teilweise „Fremd"verdauung auch von Rohfaser möglich ist. Stärke findet sich fast ausschließlich in pflanzlichen Rohstoffen wie z. B. Getreide oder Knollen.

FUNKTIONEN

Einfachzucker und **Stärken** werden im Körper als Glukose verwertet. Diese liefert Energie. Bei der entsprechenden Umwandlung wird Wärme produziert. Zudem können sie als strukturelle Komponenten („Bausteine") für andere Nährstoffe wie z. B. bestimmte Aminosäuren, Milchzucker (Laktose) sowie Vitamin C Verwendung finden.

In Form von Glykogen (ein größeres Speichermolekül) oder zu Fett umgewandelt, dienen sie als Energiespeicher. Überschüssige Kohlenhydrate werden generell zu Fett umgewandelt.

Die Aussage, dass Hunde keine Stärke benötigen, ist theoretisch richtig, auch wenn unsere Haushunde – wie wir in der Einleitung gesehen haben – heute über gute Möglichkeiten der Stärkeverwertung und -verdauung verfügen. Besonders wertvoll ist Stärke bei all denjenigen Erkrankungen, die einen reduzierten Eiweiß- und/oder Fettgehalt im Futter erfordern, sowie bei trächtigen und laktierenden Hündinnen oder den bereits genannten Sprintathleten (z. B. Rennhunde).

Ballaststoffe (Fasern) gehören für den Hund zu den unverdaulichen Nährstoffen, die jedoch wichtige Funktionen erfüllen.

Die sogenannte **Rohfaser** erfüllt im Wesentlichen zwei Hauptfunktionen:

1. Sie fördert und reguliert die Darmtätigkeit und verbessert die Kotqualität (langsam fermentierbare Faserstoffe). Bei Hunden mit langsamer Durchgangszeit wird die Darmpassage verkürzt, bei Hunden mit schneller Durchgangszeit verlängert. Dies ist insbesondere bei Verstopfungen und Durchfallerkrankungen von Bedeutung.
2. Besonders die schnell fermentierbaren Faserstoffe wie z. B. FOS (Frukto-Oligosaccharide) und MOS (Mannan-Oligo-Saccharide) dienen als Nährstoffe von Darmbakterien und werden deshalb auch als „Präbiotika" bezeichnet.

KOHLENHYDRAT- UND ROH-FASERREICHE LEBENSMITTEL

Kohlenhydrate

Zucker » Obst, Honig
Laktose » Milch und Milchprodukte
Stärke » Reis, Mais, Weizen. Gerste, Hafer, Kartoffeln

Rohfaser (RF)

Langsam gärende Rohfaser wie z. B. Zellulose » Weizenkleie
Mäßig gärende Rohfaser » Weizenkleie, Reiskleie, Erbsenfaser
Schnell gärende Rohfaser » Äpfel, Zitrusmark, Guar Gum

KOHLENHYDRATVERDAUUNG

Die Verdauung von einfachen Zuckern und Stärke erfolgt im gesamten Verdauungstrakt, während die mikrobielle Verdauung der Rohfaser (also mithilfe von Bakterien) überwiegend durch Gärung im Dickdarm stattfindet (bakterielle Fermentation, siehe S. 17).
Die (bio)chemische, d.h. enzymatische Verdauung der Kohlenhydrate findet zu einem kleinen Teil mithilfe der Magensäfte und zum Großteil im Dünndarm statt. Zuerst erfolgt hier die Aufspaltung der Stärken und Zucker mithilfe der Verdauungssäfte der Bauchspeicheldrüse, anschließend bereiten die im Bürstensaum der Darmschleimhaut hergestellten Enzyme die Aufnahme der Endprodukte über die Schleimhaut vor. Einfachzucker bedürfen keinerlei weiterer Aufspaltung und können direkt über die Dünndarmschleimhaut aufgenommen werden. Eines der im Bürstensaum produzierten Enzyme ist die Laktase, die für die Aufspaltung des Milchzuckers (Laktose) verantwortlich ist.
Im Dickdarm schließlich wird durch bakterielle Fermentierungsprozesse von Faserstoffen zusätzliche Energie in Form von kurzkettigen Fettsäuren und Gasen produziert. Erstere können von den Zellen der Darmschleimhaut zur Energiegewinnung verwendet werden und stellen somit wichtige Nährstoffe für den Hund dar.

GÄRUNGSPROZESSE

Gärung ist ein Prozess, bei dem sogenannte Anaerobier (= Bakterien, die unter Ausschluss von Sauerstoff leben können) Kohlenhydrate in Abwesenheit von Sauerstoff so abbauen, sodass Energie erzeugt wird, die zum Teil von den Bakterien selbst genutzt und teilweise dem Wirt zur Verfügung gestellt wird. Die Wertigkeit von Faserstoffen im Hinblick auf ihr Energie lieferndes Potenzial kann anhand der Gärungsgeschwindigkeit definiert werden. Man unterscheidet zwischen langsam gärenden, mäßig schnell gärenden und schnell gärenden Faserstoffen (siehe Kasten). Die ersten beiden verleihen dem Kot Fülle, indem sie Wasser binden. Diesen Effekt kann man bei der Behandlung von Übergewicht nutzen!

MILCH-UNVERTRÄGLICHKEIT

Ausgewachsene Hunde produzieren wie auch Katzen nur noch geringe Mengen des Enzyms Laktase. Dies erklärt die oftmals auftretenden Probleme bei der Verdauung von Milch. Sie ist darauf zurückzuführen, dass Laktose unverdaut den Dünndarm passiert, um dann von bestimmten Bakterien im Dickdarm verdaut zu werden, die sich mit seiner Hilfe vermehren. Unverträglichkeitssymptome wie säuerlich riechender Durchfall können die Folge sein.
Im Gegensatz zu einer Allergie spielt bei einer Intoleranz (z. B. Laktose-Intoleranz) die Menge der aufgenommenen Substanz eine entscheidende Rolle für das Auftreten von Symptomen. Die meisten allergischen Prozesse sind dagegen mengenunabhängig.

Spezielle Diäten zur Gewichtsreduktion enthalten höhere Anteile an langsam oder mäßig schnell gärenden Faserstoffen. Sie „behindern" im Darm die Reaktionen zwischen Nahrungspartikeln und Verdauungsenzymen an der Oberfläche der Darmschleimhautzellen. Dies führt zu einer Reduktion der Verdauung und Aufnahme der Nährstoffe (und somit zu einer verringerten Kalorienaufnahme). Ferner erzeugen Faserstoffe ein Völlegefühl, indem sie im Magen Volumen erzeugen und die Magenentleerung verzögern.

EMPFOHLENE MENGE UND BEDARF

Hunde haben keinen absoluten Bedarf an Kohlenhydraten, d.h. im Gegensatz zu bestimmten Amino- und Fettsäuren sind Kohlenhydrate nicht essenziell. Als Energielieferant für den Körper und besonders für das zentrale Nervensystem sind Glukose und deren Vorläufer jedoch unverzichtbar. Werden diese nicht in ausreichender Menge in Form von Kohlenhydraten in der Nahrung geliefert, wird der Fett- und Proteinstoffwechsel zur Energiegewinnung herangezogen. Das geht zu dessen Lasten und ist weniger effizient in der Kaloriengewinnung. Deshalb stellen Zucker und Stärke eine sowohl leicht verdauliche, als auch wirtschaftliche (!) Energiequelle dar.

Kommerzielle Trockenfutter enthalten einen Kohlenhydratanteil von 30–60 % (meist in Form von Stärke).

LEICHT GÄRENDE FASERSTOFFE

Je schneller und leichter ein Faserstoff gärt, umso mehr Darmgase werden gebildet, was neben den oben erwähnten positiven Effekten bei der Fütterung zu großer Mengen zu Blähungen führen kann. Zudem kann ein zu hoher Anteil an schnell gärender Rohfaser eine abführende Wirkung haben (Durchfall).

Generell sollten 50– 60 % Stärke und 18 % Zucker in der Ration nicht überschritten werden, da es sonst ebenfalls zu Problemen bei der Verdauung kommen kann. Ein erhöhter Bedarf besteht während der Trächtigkeit und der Laktation sowie ggf. bei bestimmten Erkrankungen oder gesteigerter Sprintaktivität (Rennhunde).

Diäten ohne Kohlenhydrate oder mit einem zu geringen Kohlenhydratgehalt haben während und nach der Trächtigkeit nachweislich zu Problemen wie einer Reduktion der Lebendgeburten, fötalen Abnormitäten, einem reduzierten Bemutterungsverhalten, Lethargie, Embryoresorption und einer verminderten Milchproduktion geführt!

PROTEINE (EIWEISS)

Proteine bestehen aus komplexen, sehr großen Molekülen, die sich wiederum aus einer Vielzahl von Aminosäuren (AS) zusammensetzen. Letztere sind sozusagen die Bausteine für das Eiweißmolekül. Dieses kann aus vielen Hundert oder gar Tausenden von aneinandergereihten AS bestehen. Diese Ketten bilden Knäuel, indem sie sich aufrollen und somit dem Eiweißmolekül seine dreidimensionale Struktur verleihen. Obwohl es Hunderte verschiedener AS gibt, sind an der Zusammensetzung tierischer Eiweiße nur 21 von ihnen beteiligt.

Jede Aminosäure enthält vier chemische Gruppen, von denen drei bei allen gleichermaßen vorkommen (ein Wasserstoffatom -H, eine Carboxylgruppe -COOH sowie eine Stickstoff- oder Aminogruppe -NH2). Außerdem eine vierte, variable Gruppe, die beispielsweise aus einem Schwefelatom (S) oder einer SO-Gruppe bestehen kann.

BAUSTEINE DER GEWEBE

Aminosäuren bilden eine Vielzahl verschiedener Eiweißmoleküle. Diese weisen unterschiedliche Merkmale auf, je nach Körpergewebe, an dessen Aufbau sie beteiligt sind.

Milchprodukte sind gut verdauliche Eiweißquellen.

Fleisch und Eier liefern ebenfalls Eiweiß.

Grundsätzlich enthalten alle Gewebe Protein in unterschiedlichem Anteil. So weist z. B. Muskelgewebe einen hohen, Fettgewebe einen vergleichsweise niedrigen Eiweißgehalt auf. Proteine sind für lebensnotwendige Prozesse wie Wachstum, Ergänzung oder Reparatur von Organen bzw. Geweben unerlässlich. Für den Hund sind etwa die Hälfte der rund 20 am Aufbau von Eiweißen beteiligten Aminosäuren essentiell, d.h. sie können im Gegensatz zu den verbleibenden Aminiosäuren nicht selbst hergestellt und müssen dementsprechend über die Nahrung aufgenommen werden.

BIOLOGISCHE WERTIGKEIT

Die Qualität eines Nahrungsproteins definieren wir in Form der biologischen Wertigkeit. Diese bezieht sich auf den Gehalt an essenziellen AS. Der biologische Wert ist umso höher, je mehr die in ihm enthaltenen essenziellen AS genau den Erfordernissen des Organismus entsprechen und je höher die Verdaulichkeit des Proteins ist. Proteine mit hoher biologischer Wertigkeit sind in der Regel auf den ersten Blick teurer. Aber der Organismus braucht von ihnen relativ wenig, da auch mit einer vergleichbar kleinen Menge der Bedarf an essenziellen AS in der idealen Proportion gedeckt wird.
Hochwertige Eiweißquellen wie Fleisch, bindegewebsarme Schlachtabfälle, Ei, Milchprodukte oder aufbereitetes Sojaprotein erreichen eine Verdaulichkeit von über 90 %. Weniger hochwertige Proteine (Sehnen, Knorpel oder Schlachtabfälle mit hohem Bindegewebsanteil) passieren größtenteils unverdaut den Dünndarm. Sie gelangen in den Dickdarm, wo sie zur Vermehrung besonderer eiweißabbauender Keime beitragen, die ihrerseits nützliche Keime der Darmflora überwuchern und deren Zusammensetzung negativ beeinflussen. Zudem kommt es zur Freisetzung von bakteriellen Eiweißabbauprodukten wie Ammoniak und Schwefelwasserstoff, die in der Leber entgiftet werden müssen und den Organismus belasten können.

☞ PROTEINE IM KÖRPERGEWEBE

PROTEINE	KÖRPERGEWEBE
Kollagen und Elastin	Knorpel, Bänder, Sehnen
Actin, Myosin	Muskelfasern
Albumine, Globuline, Hämoglobin, Transferrin	Bluteiweiße

Sonstige Eiweiße im Körper:
Enzyme, Hormone (z. B. Insulin, Östrogen), Antikörper

Langhaarrassen zeigen besonders während des Fellwechsels einen vorrübergehend erhöhten Eiweißbedarf.

Ei-Protein (Albumin) entspricht in seiner Zusammensetzung an essenziellen AS den Bedürfnissen der meisten Tiere und zeichnet sich durch eine hohe Verdaulichkeit (bis zu 90 %) aus. Daher wird der biologische Wert von Ei-Protein als Maßstab herangezogen und auf den Wert 100 festgesetzt. An ihm lassen sich andere Eiweiße in Bezug auf ihre biologische Wertigkeit messen.

EIWEISSVERDAUUNG

Um vom Organismus verwertet zu werden, müssen Proteinmoleküle zunächst enzymatisch zerlegt (zerkleinert) werden. Nur einzelne AS und kleine Peptide (Einheiten aus bis zu vier AS) können die intakte Darmwand passieren und somit dem Organismus zur Verfügung gestellt werden. Zunächst geschieht dies, indem das Protein im Magen mithilfe des Enzyms Pepsin in kleinere Fragmente, sogenannte Polypeptide, zerlegt wird. Diese bestehen aus vielen AS. Im Magen findet noch keine Absorption (Aufnahme) statt. Erst im Dünndarm werden die Polypeptide weiter in einzelne AS aufgespalten, die schließlich durch die Darmwand resorbiert werden und in den Blutkreislauf gelangen. Die hierfür notwendigen Enzyme werden in der Bauchspeicheldrüse und in den Epithelzellen des Dünndarms produziert. Die in den Blutkreislauf gelangten AS werden zunächst mit dem Blut über die Pfortader in die Leber und in andere Körpergewebe transportiert, wo sie zu neuen Aminosäuren umgebaut werden. Im Anschluss können sie folgendermaßen eingesetzt werden:

1. Zur Herstellung (Synthese) körpereigener Gewebeproteine, von Enzymen, Albuminen, Antikörpern, Hormonen.
2. Zur Energiegewinnung, sofern ein Überschuss vorhanden ist.

EIWEISSMANGEL, EIWEISS-ÜBERSCHUSS

Eiweiß sollte immer in bedarfsdeckenden Mengen gefüttert werden und möglichst von hoher biologischer Wertigkeit sein, um gesundheitliche Schäden zu vermeiden.
Bei Eiweißmangel greift der Körper zunächst auf Muskel-, dann auf andere Organgewebe zurück. Die Folgen können vermindertes Wachstum, Gewichtsverlust, Blutarmut (Anämie), Appetitlosigkeit, ein stumpfes, sehr trockenes und schuppiges Fell, Muskelschwund sowie eine erhöhte Anfälligkeit für Krankheiten, Flüssigkeitsansammlungen (Ödeme) aufgrund verringerter Bluteiweiße und im schlimmsten Fall der Tod sein. Es gibt Hinweise darauf, dass langhaarige Hunde einen höheren Bedarf an schwefelhaltigen AS (Lysin, Methionin) haben.

Wird ein zu hoher Proteinanteil gefüttert, können die überschüssigen Proteine vom Körper nicht gespeichert werden. Ihr Abbau führt zur Produktion von Ammoniak, das zellschädigend und somit giftig ist. Ammoniak muss in der Leber zu Harnstoff (weniger schädigend) umgewandelt werden, um über die Nieren ausgeschieden werden zu können. Besonders bei eingeschränkter Leber- und Nierenfunktion müssen große Mengen an Rohprotein vermieden werden.
Der absolute Mindestbedarf an Proteinen aus der Nahrung beträgt – vorausgesetzt, dass es sich um hochwertiges Eiweiß handelt – für erwachsene Hunde 6 % und für heranwachsende Hunde 9,5 % (bezogen auf die Trockensubstanz). Die AAFCO, die zur Kontrolle der Vorschriften für Tierfutter zuständige US-Behörde, bezeichnet den Bedarf für erwachsene Hunde mit 18 % und den heranwachsender Tiere mit 22 %.
Während des Fellwechsels zeigen insbesondere langhaarige Hunde einen erhöhten Eiweißbedarf, dem bei ansonsten gesunden Tieren und bei selbst zubereiteten Futterrationen dadurch Rechnung getragen werden kann, dass der Eiweißanteil erhöht wird, indem für eine kurze Zeit mehr eiweißreiche Zutaten gefüttert werden (Muskelfleisch, Quark etc.).

FETTE (LIPIDE)

Nahrungsfette setzen sich zum Großteil aus Triglyceriden zusammen, die aus einem Molekül Alkohol (Glycerol), verbunden mit drei Fettsäuren (Tri = 3) bestehen. Die Art der Fettsäuren (FS) bestimmt über die biochemischen und physikalischen und somit auch ernährungsrelevanten Eigenschaften und die Nährstoffqualität.
Je nach der in einem FS-Molekül enthaltenen chemischen Bindungen (Einfach-, Doppelbindungen sowie deren Anzahl) und der Anzahl an Kohlenstoffatomen lassen sich die FS in drei Kategorien unterteilen:

Öle und Fette sind sehr energiereich.

1. Gesättigte FS enthalten keine Doppelbindungen in ihrer Kohlenstoffkette.
2. Einfach ungesättigte FS enthalten eine Doppelbindung.
3. Mehrfach ungesättigte Fettsuren enthalten zwei oder mehr Doppelbindungen.

Gebräuchliche Abkürzungen (englisch):
PUFA: Poly-unsaturated Fatty Acid = mehrfach ungesättigte Fettsäure
EFA: Essential Fatty Acid = essenzielle FS
Je hochwertiger die Fettsäuren sind (längere Ketten, mehr Doppelbindungen), umso instabiler sind diese gegenüber Licht und Sauerstoff, was man bei der Haltbarkeit beachten

LIPIDE, FETTE UND ÖLE

Lipide können je nach Temperatur und Zusammensetzung der Fettsäuren flüssig oder fest sein.
Fette befinden sich bei Raumtemperatur in festem Zustand.
Öle sind bei Raumtemperatur flüssig.
Fette mit kurzkettigen FS mit mehreren Doppelbindungen (ungesättigt) haben einen niedrigen Schmelzpunkt, solche mit längeren Kohlenstoffketten und weniger Doppelbindungen (weniger ungesättigt) einen höheren.

muss. Öle mit einem hohen Gehalt an mehrfach ungesättigten FS wie z. B. Fischöl oder Leinöl neigen daher schnell dazu, ranzig zu werden. Das besonders in Pflanzenölen (Keimöl) enthaltene Vitamin E fungiert als natürliches Antioxidans.

FUNKTIONEN VON NAHRUNGSFETTEN

Nahrungsfette dienen als wichtige Energielieferanten, sie enthalten 2,25-mal mehr Kalorien pro Gewichtseinheit als Kohlenhydrate oder Proteine.

— Sie gewährleisten die Absorption (Aufnahme) der fettlöslichen Vitamine A, D, E und K. Hierfür werden mindestens 1– 2 % Nahrungsfett benötigt.
— Sie liefern die essenziellen Fettsäuren (Omega-3- und Omega-6-FS).

Essenzielle Fettsäuren sind ein wichtiger Bestandteil biologischer Membranen (Zellmembranen) und helfen beim Transport von Molekülen durch die Membranen hindurch. Auch dienen sie als Vorläufer für die körpereigene Herstellung bestimmter Substanzen (z. B. Prostaglandinen) und schützen die Haut vor Wasserverlust. Für den Hund sind zwei Fettsäuren essenziell: Alpha-Linolensäure (Omega-3) und Linolsäure (Omega-6).

Omega-3-Fettsäuren wirken vereinfacht ausgedrückt entzündungshemmend. Eine Nahrungsergänzung kann daher in bestimmten Situationen ratsam sein:

— vor und nach chirurgischen Eingriffen (beginnen Sie bereits 3 Wochen vor einer anstehenden OP mit der Zufütterung von Lachsöl);
— nach Verletzungen, Traumata sowie Verbrennungen;
— bei Krankheiten, die z. B. mit Entzündungen der Haut, des Darmes, der Gelenke, Nieren etc. einhergehen;
— bei einigen Tumorerkrankungen.

Studien haben bei Hunden, die an atopischer Dermatitis (Umweltallergie) leiden, einen langfristig juckreizlindernden Effekt von Omega-3-Fettsäuren nachweisen können.

Omega-6-Fettsäuren wirken auf eine gewisse Weise entzündungsfördernd, werden aber ebenso dringend benötigt wie die Omega-3-FS. Zudem spielen sie eine wichtige Rolle beim Aufbau einer intakten Hautbarriere. Eine entsprechende Ergänzung (z. B. Nachtkerzenöl) kann für ein glänzendes und geschmeidiges Haarkleid und die Stabilisierung der oberen Hautschicht (Epidermis) eingesetzt werden.

In welchem Verhältnis diese beiden (Omega-6 zu Omega-3-FS) in der Nahrung enthalten bzw. dieser zugesetzt werden sollen, ist umstritten, Empfehlungen sprechen von 10:1 bei gesunden und bis zu 0,5:1 bei kranken Tieren.

Die z. B. in großen Mengen im Leinöl enthaltene alpha-Linolensäure wird vom Hund in die beiden hochwertigen Omega-3-FS Docosahexaensäure (DHA) und Eicosapentaensäure (EPA) umgewandelt. Diese beiden „Endstufen" des Omega-3-Stoffwechsels sind als solche nicht in pflanzlichen Ölen enthalten, weshalb sich besonders bei einem unterstellten erhöhten Bedarf die Zufütterung von Fischöl (z. B. Lachsöl) empfiehlt.

Da nur ein geringer Teil der alpha-Linolensäure in DHA umgewandelt werden kann, muss z. B. Leinöl in größeren Mengen als Fischöl zugefüttert werden.

Bei selbst zubereiteten Rationen kann bis zu 1 g Pflanzenöl pro kg Körpergewicht und Tag gefüttert werden. Da sich verschiedene Pflanzenöle in ihrem Fettsäure„profil" unterscheiden, ist es stets ratsam, zu rotieren und im Wechsel verschiedene Öle zu verwenden. Wird Fischöl verwendet, so kann beispielsweise 1 Kapsel oder deren Inhalt pro 5 kg Körpergewicht und Tag ergänzt werden. Da gesunde Hunde exzellente Fettverdauungskapazitäten aufweisen, kommt es selten zu Verdauungsbeschwerden selbst bei größeren Mengen Fett.

VERDAULICHKEIT VON FETTEN

Fette mit einem hohen Anteil an ungesättigten FS, wie beispielsweise Olivenöl, Maisöl, Gänsefett oder Fischöl, zeichnen sich durch eine hohe Verdaulichkeit von bis zu 95% aus. Rindertalg hingegen enthält erheblich geringere Mengen an ungesättigten FS und besitzt somit eine schlechtere Verdaulichkeit.

FETTVERDAUUNG

Die Fettverdauung findet überwiegend im Magen und Dünndarm statt und besteht aus einer enzymatischen und einer physikalischen Phase als Voraussetzung für die Aufnahme über den Darm. Die oftmals entstehenden Probleme sind darauf zurückzuführen, dass es sich um den komplexesten Verdauungsprozess im Körper handelt.

Im Magen spaltet das Enzym Lipase einen Teil des Nahrungsfetts in FS und Glycerol auf. Im Dünndarm spielen die Pankreaslipase der Bauchspeicheldrüse und die in der Leber produzierte Galle eine wesentliche Rolle. Die Pankreaslipase funktioniert ähnlich der im Magen produzierten Lipase. Die in der Galle enthaltenen Gallensalze wirken im Prinzip wie Reinigungsmittel, indem sie die Oberflächenspannung zwischen Fett und Wasser lösen, sodass immer kleinere Fetttröpfchen entstehen, die leichter von der Lipase angegriffen werden können. Kurzkettige FS werden von der Lipase leichter verdaut als langkettige.

In den Darmzellen bilden sich schließlich große Eiweiß-Fett-Verbindungen (Lipoproteine, auch „Chylomikronen" genannt). Diese bestehen aus einem Kern aus Triglyceriden und Cholesterol, umgeben von einer Hülle bestehend aus Phosphorlipiden und Proteinen. Diese Struktur ermöglicht den weiteren Transport der Fette, zunächst über das lymphatische Gefäßsystem, anschließend über den Blutkreislauf. Die Verwertung der aufgenommenen FS, mit dem Ziel der Energiegewinnung, erfolgt in den Mitochondrien der Zellen, die man mit einem Kraftwerk vergleichen kann. Um diese zu erreichen, bedarf es einer wasserlöslichen, vitaminartigen Aminiosäure (L-Carnithin), die den Transport der FS in den aktiven Part des Mitochondriums unterstützt.

EMPFOHLENE MENGEN UND BEDARF

Der (gesunde!) Hund verfügt, wie bereits erwähnt, über eine ausgezeichnete Fähigkeit zur Fettverdauung. Anteile von 20–40 % Fett in der Ration (bezogen auf die Trockensubstanz) werden problemlos toleriert bzw. verdaut. Trotzdem kann es bei Überfütterung aufgrund des hohen Energiegehaltes zu Überfettung kommen.

Ein Mangel an Nahrungsfett hingegen, insbesondere an essenziellen FS, kann erhebliche gesundheitliche Beeinträchtigung zur Folge haben. Eine verminderte Wundheilung, ein sprödes, trockenes und schuppiges Haarkleid, Haarverlust und die Neigung zu Hautinfektionen, Flüssigkeitsansammlungen und eine herabgesetzte Fortpflanzungsfähigkeit, um nur einige zu nennen, können die Folge sein.

Die Menge richtet sich nach den Energiebedürfnissen des Individuums. Bei einem erhöhten Energieumsatz (z. B. Bewegung, Krankheit) besteht ein entsprechend höherer Bedarf.

MINERALSTOFFE

Sie gehören neben Wasser, Vitaminen und Antioxidantien zu den nicht Energie erzeugenden Nährstoffen, sind aber trotzdem lebensnotwendig. Als Mineralstoffe bezeichnen wir anorganische Elemente. Makromineralstoffe werden in der Nahrung in größeren, Mikromineralstoffe („Spurenelemente") hingegen in kleineren Mengen benötigt. Insgesamt wird davon ausgegangen, dass Säugetiere 18 Mineralstoffe benötigen, davon 7 Makro- und 11 Mikromineralstoffe (siehe Kasten).
Hunde haben im Vergleich zum Menschen einen stark abweichenden Nährstoff- und besonders Mineralstoffbedarf. Ein 60 kg schwerer Hund benötigt im Vergleich zu einem 60 kg schweren Menschen beispielweise die ungefähr 3-fache Kalziummenge pro Tag und die 6-fache Zinkmenge. Hunde im Wachstum benötigen noch einmal mehr. Vergegenwärtigt man sich, dass ein Mensch circa 18 Jahre zum vollständigen Aufbau seines Skeletts (Knochen bestehen zu einem großen Teil aus Kalzium und Phosphat) benötigt, während Hunde dies in 18 Monaten (je nach Größe) bewerkstelligen müssen, erklärt sich dieser enorme Unterschied im Tagesbedarf.
Besonders bei selbst zubereiteten Futterrationen werden diesbezüglich oft Fehler gemacht.

MINERALSTOFFE

Makromineralstoffe
Kalzium, Phosphor, Natrium, Chlorid, Kalium, Magnesium, Schwefel (Schwefel wird über die Nahrung in Form von schwefelhaltigen AS aufgenommen, daher besteht für dieses Element kein allgemeiner Bedarf.)

Mikromineralstoffe
Eisen, Zink, Kupfer, Selen, Jod, Chrom, Fluor, Kobalt, Molybdän, Bor, Mangan

AUSGEWOGENHEIT

Im Körper herrschen zwischen den Mineralstoffen vielerlei Wechselwirkungen. Diese können antagonistischer Natur sein (gegenseitige Hemmung bei der Wirkung oder Aufnahme) oder synergetischer (gegenseitige Potenzierung, Ergänzung oder Ersatz).
Die meisten Wechselwirkungen sind eher antagonistischer Natur. Dieser Effekt kann schon in der Nahrung während ihrer Verarbeitung eintreten, innerhalb des Verdauungstraktes, während ihres Transportes oder auch erst vor Ort, d.h. im Gewebe bzw. während der Ausscheidung. Daher ist ein bestimmtes Gleichgewicht bzw. eine Ausgewogenheit an Mineralstoffen in der Nahrung erforderlich.

MINERALSTOFFAUFNAHME

Eine Vielzahl von Faktoren entscheidet, wie gut ein Mineralstoff vom Körper aufgenommen wird. Einige dieser Faktoren sind die chemische Form, in der der Mineralstoff vorliegt, die Mengen und Verhältnisse, in denen Nahrungsbestandteile vorliegen, die eine Auswirkung auf den entsprechenden Mineralstoff haben, sowie Alter und Geschlecht des Hundes und bestimmte Umweltfaktoren. Auch der Rohfasergehalt der Nahrung ist ein entscheidender Faktor.
Beim Hund spielen Mangelsituationen eine eher untergeordnete Rolle. Häufiger hingegen sind insbesondere bei den Mengenelementen Überversorgungssituationen oder ein falsches Verhältnis bestimmter Elemente zueinander. Besonders die beiden Mengenelemente Kalzium (Ca) und Phosphor (P) sollten ein bestimmtes Verhältnis nicht unter- oder überschreiten (zwischen 1 : 1 und 2 : 1, Ideal: 1,3 : 1). So kommt es bei einer Überversorgung teils zu schweren Skelettschäden und sekundärem Zinkmangel.
Bestimmte Lebenssituationen (tragende oder laktierende Hündinnen, Welpen, Gebrauchs- und Sporthunde) haben einen über den Erhaltungsbedarf eines normalen, ausgewachsenen Hundes hinausgehenden Mineralstoffbe-

Mineralstoffe nach Bedarf ergänzen

darf. Der entsprechende Mehrbedarf kann in diesen Fällen durch die Steigerung der täglichen Gesamtfuttermenge erzielt werden oder durch eine an den notwendigen höheren Energiegehalt des Futters angepasste Mineralstoffergänzung.

MINERALSTOFFE IM ÜBERBLICK

Kalzium und Phosphor Diese beiden Elemente sind besonders für den Aufbau und die Stabilität von Skelett (Kalzium) und Weichgeweben (Phosphor) verantwortlich.
Da Kalzium neben der Blutgerinnung und der Reizleitung in den Nervengeweben unter anderem entscheidend an Muskelkontraktionen einschließlich der des Herzmuskels beteiligt ist, muss der Kalziumspiegel im Blut unbedingt auf einem konstanten Level gehalten werden. Bei Schwankungen des Blutkalziumspiegels reagiert der Körper sofort, indem Kalzium aus den Knochen mobilisiert und freigesetzt wird. Dies ist der Grund dafür, dass Bestimmungen des Kalziumgehaltes im Blut praktisch sinnlos sind, wenn es darum geht, eine adäquate Versorgung mit dem Element über das Futter beziehungsweise eine mögliche Unterversorgung festzustellen. Fast ebenso wichtig ist das Verhältnis von Kalzium zu Phosphor. Für ein optimales Wachstum von Welpen sollte dieses Verhältnis unbedingt zwischen 1,5 : 1 und 1,3 : 1 betragen. Eine Veränderung in diesem Verhältnis kann Skelettmissbildungen zur Folge haben.
In der Nahrung gesunder, ausgewachsener Hunde sollte das Verhältnis Kalzium/Phosphor grundsätzlich bei 1,3 : 1 (maximal 1 : 1 bis 2 : 1) liegen, damit es nicht zu einem Ungleichgewicht kommt. Ein Überschuss eines oder beider Elemente kann ebenso wie ein Mangel zu schwerwiegenden gesundheitlichen Schäden führen.
Wird Nahrung mit einem zu hohen Phosphorgehalt gefüttert, z. B. Fleisch und Innereien, kann es zu einer Hemmung der Kalziumaufnahme und zu Kalziummangel kommen. Auch bei laktierenden Hündinnen kann dies geschehen, da sie Kalzium über die Milch abgeben.

Natrium, Kalium und Chlorid garantieren die Aufrechterhaltung des Säure-Basen-Gleichgewichts im Körper, des osmotischen Gleichgewichts, die Übertragung der Nervenimpulse und wirken an der Muskelkontraktion und deren Übertragung mit. Zu einem Ungleichgewicht kann es u.a. kommen durch:

- Durchfälle und Erbrechen,
- Fieber,
- Dehydrierung (Flüssigkeitsverlust) durch z. B. Verbrennungen, mangelnde Flüssigkeitsaufnahme,
- chronische Herz- und Nierenerkrankungen,
- chronische Erkrankungen der Nebenniere, der Hirnanhangsdrüse, der Schilddrüse oder der Nebenschilddrüse, bei denen es zu einem Hormonmangel oder zu einer Hormonüberproduktion kommt,
- Medikamente, die einen Einfluss auf den Flüssigkeitshaushalt des Körpers haben, wie z. B. Diuretika (entwässernde Substanzen).

Anzeichen für einen Mangel, beispielsweise durch erhebliche Flüssigkeitsverluste, können Muskelzittern, Appetitlosigkeit, ein reduziertes Wachstum oder die Unfähigkeit, den Wasserhaushalt zu steuern, sein.

KALZIUMVERSORGUNG BEI WELPEN

Kalziumüberschuss führt besonders bei Welpen großer Rassen und Riesenrassen zu erheblichen Problemen beim Aufbau des Skelettapparates. Knochen- und Gelenkerkrankungen wie beispielsweise OCD (Osteochondrosis dissecans) sowie Wachstumsschäden und Deformationen an den langen Röhrenknochen können die Folge sein. Ebenfalls problematisch ist eine zu geringe Versorgung mit Kalzium (oder Phosphor) sowie ein fehlerhaftes Verhältnis der beiden Elemente Ca und P, wie bereits erwähnt. .

Magnesium ist in der Knochensubstanz, Enzymen und intrazellulären Flüssigkeiten enthalten und spielt eine wichtige Rolle bei der neuromuskulären Erregungsübertragung. Im Falle eines Magnesiummangels kann es daher zu Störungen des Wachstums, einer Hyperirritabilität (Übererregbarkeit), Appetitlosigkeit, Störung der Muskelkoordination oder Krämpfen kommen. Kommerzielle Futter enthalten generell eher zu viel als zu wenig Magnesium. Daher sind Mangelzustände die Ausnahme.

Eisen Die für Sauerstofftransport im Blut (Hämoglobin) sowie im Muskel (Myoglobin) zuständigen Pigmente enthalten Eisen als wichtigen Bestandteil. Ein Mangel kann durch Blutverlust, Eisenverlust oder bei längerer Fütterung mit Milch (niedriger Eisengehalt) auftreten. Blutarmut (Anämie) und Ermüdung sind die Folge. Ein erhöhter Eisenbedarf besteht nach Blutverlusten sowie bei langhaarigen Hunden während des Fellwechsels, da pigmentiertes Haar einen hohen Eisengehalt aufweist.

Zink Als Bestandteil bzw. Aktivator von über 200 verschiedenen Enzymen im Körper spielt Zink bei einer Vielzahl von Reaktionen eine entscheidende Rolle, besonders wichtig bei der Immunabwehr, dem Aufbau der Haut sowie in der Wundheilung. Nahrungsmittel mit einem zu hohen Kalziumgehalt behindern die Aufnahme von Zink, sodass es zu einem entsprechenden Mangel kommen kann. Auch ältere Hunde haben einen erhöhten Zinkbedarf aufgrund einer herabgesetzten Aufnahme im Körper.

Anzeichen für einen Zinkmangel sind teilweise äußerlich sichtbar: trockenes, schuppiges Fell, Haarverlust, Pigmentverlust der Haare und eine übermäßige Verhornung der oberen Hautschichten können ebenso auftreten wie Appetitlosigkeit und eine erhöhte Krankheitsanfälligkeit durch eine Beeinträchtigung des körpereigenen Immunsystems, zudem können Wundheilungsstörungen auftreten. Besonders einige arktische Rassen (Alaskan Malamute, Sibirian Husky) neigen aufgrund einer genetischen Veranlagung auch bei normalem Zinkgehalt in der Nahrung zu einem Zinkmangel.

Kupfer spielt bei der Blutbildung und für die Pigmentierung von Haut und Haaren eine wichtige Rolle. Ein Kupfermangel kann durch zu hohe Zink- und Eisenspiegel entstehen. Bestimmte Rassen (z. B. Bedlington Terrier) können Kupfer nur in ungenügendem Maße ausscheiden, was zu einer Kupfertoxizität (-giftigkeit) führt. Zudem kann es beim Bedlington Terrier und beim West Highland White Terrier zu einer Zerstörung von Lebergewebe durch eine übermäßige Kupfereinlagerung kommen. Neben Vitamin A kann bei selbst zubereiteten Futterrationen auch Kupfer durch die Verfütterung von Leber gewährleistet werden.

Selen ist ein Bestandteil des natürlich vorkommenden und in allen Körperzellen präsenten Antioxidans Glutathionperoxydase. Eine wichtige Funktion besteht darin, Vitamin E zu schützen, zu potenzieren und für dessen ungestörte Aufnahme zu sorgen. Ein Selenmangel und eine Selentoxizität wurden unter natürlichen Bedingungen beim Hund jedoch nicht festgestellt. Da Selen eine nur sehr geringe Dosierungsbreite aufweist, ist von einer übermäßigen Nahrungsergänzung dennoch dringend abzuraten. Stattdessen kann Vitamin E ergänzt werden.

VITAMINE

Vitamine sind in Kleinstmengen essenziell, d.h., der Körper ist nur zum Teil und in ungenügendem Maße in der Lage, sie selbst herzustellen. Ihre Abwesenheit führt zu einem jeweiligen Mangelsyndrom.

Fettlösliche Vitamine Dazu zählen die Vitamine A, D, E und K, die vom Körper nur in Gegenwart von Fett aufgenommen und in fettreichen Geweben gespeichert werden. Eine Überversorgung kann aufgrund der Speicherung in fettreichen Geweben besonders für Vitamin A problematisch sein.

Wasserlösliche Vitamine B1 (Thiamin), B2 (Riboflavin), Niacin, B6 (Piridoxin), Panthothensäure, Folsäure, B12 (Cobalamin), H (Biotin), Cholin und Vitamin C werden nur in geringem Maße vom Körper gespeichert und bei einem Überschuss aufgrund ihrer Wasserlöslichkeit ausgeschieden, weshalb Überdosierungen/-ergänzungen in der Regel unproblematisch sind.

Vitaminähnliche Substanzen L-Carnithin, Carotinoide und Flavonoide.

Der Bedarf an Vitaminen variiert je nach Lebensphase. Zwischen den einzelnen Vitaminen herrschen komplexe Wechselwirkungen innerhalb des Organismus, ähnlich wie bei den Mineralstoffen. So können sie eine gegenseitige Potenzierung, Ergänzung, Hemmung oder Beeinträchtigung sowie gegenseitigen Schutz bewirken. Bestimmte Nahrungsmittel enthalten Substanzen, die einige Vitamine „neutralisieren" und dementsprechend bei der Verfütterung größerer Mengen zu einem Mangel führen können. Ein Beispiel ist das (nur im rohen) Eiklar enthaltene Avidin, das Biotin (Vitamin H) neutralisiert. Ähnliche Stoffe sind in einigen rohen Fischsorten zu finden.

Innereien enthalten eine Fülle wichtiger Nährstoffe.

AUFNAHME VON VITAMINEN

Vitamine gelangen auf unterschiedlichen Wegen in den Körper. So bedarf es für die Absorption der fettlöslichen Vitamine der Wirkung von Gallensalzen und der Präsenz von Fett. Einmal passiv absorbiert, gelangen sie über das lymphatische System in die Leber. Da sie in fettreichem Gewebe gespeichert werden, besteht bei ihnen eher die potenzielle Gefahr einer Überdosierung und Toxizität. Die wasserlöslichen Vitamine werden hingegen aktiv im Darm aufgenommen. Da sie aufgrund ihrer Wasserlöslichkeit leicht über den Urin ausgeschieden werden, muss über die Nahrung ein kontinuierlicher Nachschub erfolgen. Hunde im Wachstum und in der Reproduktion ebenso wie kranke und ältere Tiere haben einen erhöhten Vitaminbedarf.

VITAMINE IM ÜBERBLICK

Vitamin A (auch Retinol) wird vom Körper für ein normales Sehvermögen, ein gesundes Haarkleid, eine gesunde Haut, Schleimhäute sowie für gesunde Zähne und ein gesundes Wachstum (Eiweiß- und Knochenbildung) benötigt. Fast weltweit wird es der Tiernahrung zugesetzt.

Hunde sind im Gegensatz zu Katzen in der Lage, Vitamin A aus Karotinoiden (insbesondere ß-Carotin) herzustellen. Sowohl Mangelerscheinungen als auch Toxizitätszeichen durch eine Überdosierung sind beim Hund zwar selten, obwohl Vergiftungen durch zu große Mengen (Retinol, nicht ß-Carotin) durchaus möglich sind, wenn beispielsweise selbst zubereitete Rationen zu viel Leber enthalten.

Obst liefert u.a. Vitamine, Mineral- und Faserstoffe.

Besonders reich an Vitamin A sind Leber, Lebertran und Eigelb. Karotinoide finden sich hingegen besonders in gelbem und grünem Gemüse und pigmentierten Früchten.

Vitamin D (Vitamin D3, Cholecalciferol) spielt bei der Aufrechterhaltung der Kalzium-Phosphor-Homöostase eine Rolle. Dabei geht es um die Kontrolle der Aufnahme und der Mobilisierung innerhalb des Organismus. Bei einem Mangel an Vitamin D in der Nahrung (wie bei einem Mangel an Phosphor) kann es zu Rachitis kommen, einer Krankheit, die vor allem bei heranwachsenden Hunden auftritt. Biegsame, schlecht verkalkte Knochen und geschwollene Gelenke sind die Folgen. Bei erwachsenen Tieren kann es zu Osteoporose (dünne, spröde Knochen), Osteomalazie (Knochenerweichungen) und verdickten Verbindungsstellen der Rippenknorpel kommen. Eine Überdosierung von Vitamin D kann zu einer Hyperkalzämie führen. Der Bedarf ist abhängig von der in der Nahrung enthaltenen Kalzium- und Phosphormenge. Die reichsten natürlichen Quellen sind Lebertran sowie fetter Meeresfisch (z. B. Thunfisch, Hering). Hunde sind nicht wie der Mensch in der Lage, Vitamin D selbst herzustellen und daher auf das in der Nahrung enthaltene Vitamin angewiesen.

Vitamin E kann in verschiedenen Formen vorliegen, von denen Alpha-Tocopherol die aktivste darstellt. Alpha-Tocopherol wirkt als starkes Antioxidans (siehe S. 35). Ein Mangel an Vitamin E führt zu einer Störung und Instabilität der Zellmembranen und wichtiger intrazellulärer Prozesse. Die Folgen können Störungen des Immunsystems, der Fruchtbarkeit und Degeneration der Skelettmuskulatur sein. Der Sicherheitsspielraum ist im Fall von Vitamin E, verglichen mit den Vitaminen A und D, erheblich größer, da es zu den am wenigsten toxischen Vitaminen gehört. Da Vitamin E nur von Pflanzen produziert wird, stellen vor allem Keimöle eine reiche Quelle dar. In etwas geringerer Konzentration findet sich Vitamin E in Samen und Getreidekörnern. Ältere und kranke Tiere sowie Krebspatienten können von einer Ergänzung (2 mg pro kg Körpergewicht und Tag) profitieren.

Vitamin K (von Koagulation = Gerinnung) spielt bei der Bildung verschiedener für die Blutgerinnung verantwortlicher Faktoren eine wichtige Rolle. Es wird von Darmbakterien produziert. Ein Mangel an Vitamin K kann daher aufgrund von Erkrankungen entstehen, die zu einer Beeinträchtigung der Absorptionsprozesse im Darm führen, sowie durch Medikamente oder Substanzen (wie das im Rattengift enthaltene Cumarin), die die Blutgerinnung durch eine Hemmung des Vitamins beeinträchtigen. Auch die medikamentöse Zerstörung der gesunden Darmflora durch Sulfonamide oder andere Antibiotika mit breitem antibakteriellem Spektrum kann zu einem Vitamin-K-Mangel führen. Da ein geringer Bedarf an Vitamin K besteht, wird dieser durch die meisten Futter bereits in ausreichendem Maße gedeckt. Leber, Fischmehl, Ölsaatenschrot und Alfalfamehl enthalten hohe Mengen.

Der Vitamin-B-Komplex erfüllt mit den einzelnen Komponenten bedeutende Funktionen als Bestandteile von Enzymen sowie als Co-Faktoren bei wichtigen Stoffwechselprozessen. Teilweise werden B-Vitamine über die Darmflora synthetisiert (gebildet). Bis auf Vitamin B12 findet keine nennenswerte Speicherung im Körper statt. Besonders wichtig für die Aufnahme von Vitamin B12 ist ein zu 10 % im Magen und zu 90 % in der Bauchspeicheldrüse produzierter Stoff („intrinsec factor"), weshalb Erkrankungen der Bauchspeicheldrüse zu einem Mangel führen können. B12 findet sich im Gegensatz zu den anderen B-Vitaminen ausschließlich in Futtermitteln tierischer Herkunft (besonders Leber). Dass Bierhefe Vitamin B12 enthalte, ist ein Mythos.

Folsäure wird über in der Dünndarmschleimhaut enthaltene Stoffe aufgenommen, weshalb chronisch entzündliche Darmerkrankungen zu entsprechendem Mangel führen können. Wird ein erniedrigter Folsäurespiegel im Blut festgestellt, kann dieser mithilfe spezieller Ergänzungspräparate ausgeglichen werden (5 mg pro Tag für einen bis mehrere Monate).

Aufgrund ihrer leichten Ausscheidung über den Urin gelten B-Vitamine als relativ untoxisch. Mängel können nach Fütterung von größeren Mengen rohem Eiklar auftreten. Letzteres enthält ein Antivitamin-H, das Avidin, das das Vitamin Biotin inaktiviert. Ein Biotinmangel kann auch durch Langzeitbehandlungen mit Antibiotika entstehen. Auch Vitamin B1 (Thiamin) kann durch ein in rohem Fisch (Frischwasserfischarten) enthaltenes Antivitamin (Thiaminase) zerstört werden, was einen entsprechenden Mangel verursacht. Anzeichen sind verringerter Appetit, Wachstumsversagen, Muskelschwäche, neurologische Störungen und Schwierigkeiten bei der Bewegungskoordination.

L-Carnithin unterstützt die Umwandlung von Fett in Energie, indem es FS in die Innenmembran der Zellorganellen (Mitochondrien) transportiert, die die Energiekraftwerke der Zellen darstellen. Mit zunehmendem Alter verlieren die Mitochondrien an Leistungsfähigkeit und es werden mehr freie Radikale produziert. L-Carnithin wirkt beidem entgegen. Herz- und Skelettmuskel bilden einen wichtigen Speicher für L-Carnithin.

Carotinoide gehören zu den vitaminähnlichen Substanzen. Zu ihnen zählen über 600 verschiedene, von denen jedoch weniger als 10 % im Organismus zu Vitamin A umgebaut werden. Sie sind vor allem in Orangen und anderen Früchten sowie Gemüse enthalten und besitzen eine antioxidative Wirkung.

Flavonoide sind ebenfalls natürliche Pigmente (rot, blau und gelb) mit vitaminähnlicher Aktivität. Schalen und Haut von farbigem Obst und Gemüse enthalten hohe Mengen an Flavonoiden. Auch diese Substanzen schonen Vitamin C und wirken als Antioxidantien.

ANTIOXIDANTIEN

Dies sind Enzyme und andere Moleküle, die der schädlichen Wirkung von Sauerstoffderivaten in der Nahrung und im Körpergewebe entgegenwirken können.

Sauerstoff ist zwar lebensnotwendig, aber in Form von sogenannten freien Radikalen extrem toxisch. Der Körper benötigt also effektive Abwehrmechanismen, um sich vor den freien Radikalen zu schützen. Diese bilden sich durch Oxidation bestimmter Substanzen. Die Folgen können vorzeitiges Altern, Tumor- und Herzerkrankungen sein. Da während entzündlicher Prozesse und chronischer Erkrankungen freie Radikale entstehen, kann eine entsprechende Nahrungsergänzung sowohl vorbeugen, als auch therapeutische Wirkung zeigen.

Es gibt zwei Arten von Antioxidantien: Jene, welche das Ranzigwerden von Nahrungsfett verhindern (z. B. Zitronenöl, Rosmarinöl), und andererseits die sogenannten biologisch aktiven Antioxidantien, die schädliche freie Radikale im lebenden Gewebe inaktivieren. Hierzu gehören die Vitamine E und C, Carotinoide wie ß-Carotin, Flavonoide, Selen oder Glutathion, Alpha-Liponsäure und Phenolsäure.

RICHTIG FÜTTERN

— Energie, Nährstoffe, Fütterungstipps

ENERGIEBEDARF DES HUNDES

Alle Lebewesen benötigen Energie zur Aufrechterhaltung der Körperfunktionen. Die Energieaufnahme bedarf einer sorgfältigen Kontrolle, damit weder zu viel noch zu wenig Energie aufgenommen wird.

Bei einer zu großen Energieaufnahme kann es zu Übergewicht und Wachstumsabnormalitäten kommen, im Fall einer ungenügenden Energiezufuhr hingegen zu Gewichtsverlust und einem verringerten Körperwachstum. Der Energiegehalt eines Futtermittels ist daher äußerst wichtig. Minderwertige Futtermittel mit einem zu niedrigen Energiegehalt können besonders bei Hunden mit einem erhöhten Energiebedarf gravierende Folgen haben. Wichtig ist ferner, dass Ausgewogenheit in der Nahrung besteht: Ist der Energiebedarf des Körpers gedeckt, sollte mit der Futterration auch der Bedarf an allen weiteren Nährstoffen gedeckt sein.
Der Energiebedarf ist abhängig von vielen Faktoren wie Aktivität, Umwelt, Alter, Geschlecht, Rasse, Reproduktion, Gesundheit usw.

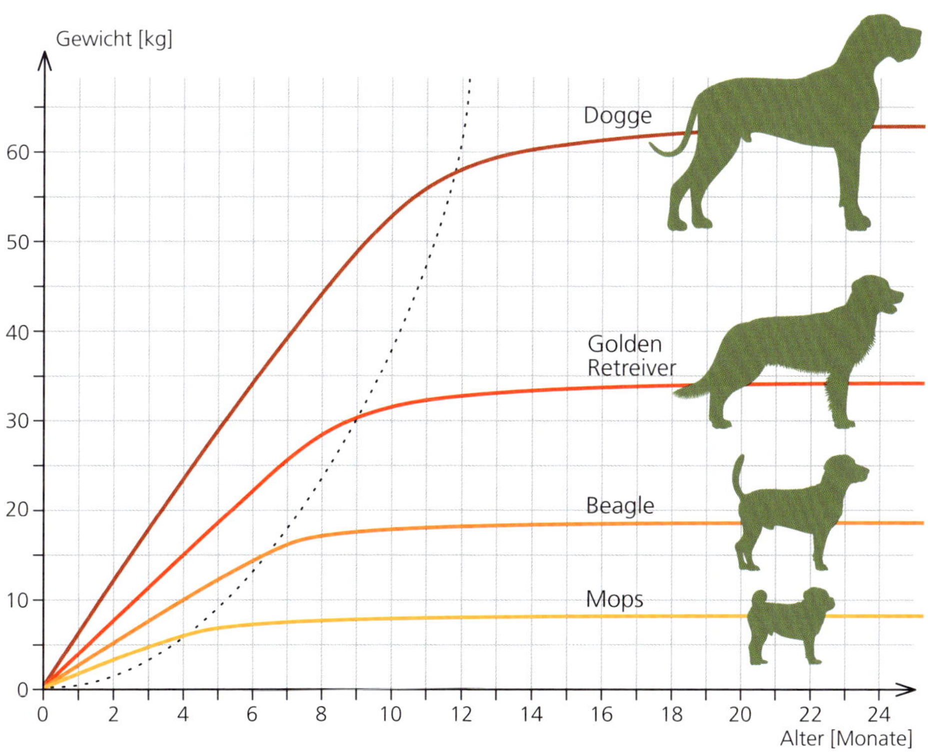

Mit Hilfe der Gewichtskurve kann man überwachen, dass der Junghund nicht zu schnell wächst.

ENERGIEGEHALT VON NÄHRSTOFFEN

NÄHRSTOFF	BRUTTO-ENERGIE	METABOLISIERBARE ENERGIE
Protein	5,6 kcal/g	3,5 kcal/g
Fett	9,4 kcal/g	8,7 kcal/g
Kohlenhydrate	4,2 kcal/g	3,5 kcal/g

Eine Überversorgung mit Energie führt bei Welpen nicht zu Übergewicht im klassischen Sinn (der Welpe erscheint nicht „zu dick"), wohl aber zu einem zu schnellen Wachstum mit teils gravierenden Folgen, insbesondere in Form von Erkrankungen des Skelettapparates. Eine sogenannte Wachstumskurve ist hervorragend geeignet, um ein zu schnelles Wachstum zu bemerken. Unter Berücksichtigung von Rasse, Ausgangsgewicht, Alter sowie, falls vorhanden, dem Gewicht des (gleichgeschlechtlichen) Elterntieres wird eine Kurve errechnet, die den idealen Gewichtsverlauf des Welpen graphisch darstellt (Körpergewicht/Lebenswoche). Solche Kurven sind beim Tierarzt oder Zuchtverein der Rasse erhältlich.

VON DER BRUTTO- ZUR NETTOENERGIE

Die in der Nahrung enthaltene Gesamtenergie wird als Bruttoenergie bezeichnet. Tiere und Menschen können diese nicht komplett nutzen, da ein Teil der Energie als Wärme oder durch Ausscheidung über Kot und Urin verloren geht. Die bleibende Nettoenergie steht dem Organismus für Aktivität, Wachstum, Laktation sowie die Erhaltung der Lebensfunktionen zur Verfügung. Die metabolisierbare Energie wird auch als „umsetzbare Energie" bezeichnet. In der Praxis liegt sie ca. 5–10 % niedriger als die verdauliche Energie.

MASSEINHEITEN

Energie wird in Form von Kalorien oder Joule gemessen. Eine Kalorie bezeichnet die Wärme, die nötig ist, um 1 g Wasser von 14,5 auf 15,5 °C zu erwärmen.
Da Energie heute offiziell in J (Joule) bzw. KJ (Kilojoule) und MJ (Megajoule) angegeben wird, häufig aber noch kcal auf den Packungen zu lesen ist, begegnen Ihnen im Laufe dieses Buches beide Einheiten. Die Umrechnung:
KJ = kcal x 4,1868
kcal = KJ x 0,2388

VERFÜGBARE ENERGIE

Die für uns bei der Betrachtung und Analyse eines Futtermittels relevante Größe ist die metabolisierbare (= verfügbare) Energie. Ihre Menge hängt direkt von der Verdaulichkeit der Nahrung ab. Je höher die Verdaulichkeit, umso weniger Energie geht über den Kot verloren und umso mehr beträgt der Gehalt an metabolisierbarer Energie, die tatsächlich dem Organismus zugänglich wird. Ein Futtermittel von geringer Verdaulichkeit (und Qualität) kann beispielsweise einen hohen Gesamtenergiegehalt (Bruttoenergie) aufweisen, aber nur eine geringe Menge an metabolisierbarer Energie, da ein Großteil der enthaltenen Energie unverdaut über den Kot ausgeschieden wird!

METABOLISIERBARE ENERGIE

Die Hersteller von Futtermitteln verwenden teilweise komplexe Formeln zur Berechnung des Energiebedarfs und der Fütterungsmengen. Diese bilden nur Richtlinien, denn der tatsächliche Energiebedarf (und somit Fütterungsbedarf) hängt letztendlich von einer Vielzahl an individuellen Faktoren (Aktivität, Alter, Rasse, Reproduktionsstatus usw.) ab und sollte unter regelmäßiger Kontrolle des Körpergewichts sowie der anderen Faktoren individuell berechnet werden.

NÄHRSTOFFGEHALT

Die Futtermittelhersteller sind gesetzlich verpflichtet, bestimmte Informationen bezüglich der in einem Futter enthaltenen Nährstoffe zu geben. Aus der Durchschnittsanalyse muss hervorgehen, wie viel von jedem Nährstoff in 100 g des Futters enthalten ist. Diese enthält den Gehalt an Wasser, Protein, Fett, Asche sowie Rohfaser, während der Gehalt an verdaulichen Kohlenhydraten nicht angegeben werden muss. Er kann jedoch einfach errechnet werden, indem man die Prozentsätze der anderen Komponenten addiert und die Summe von 100 % abzieht. Wird kein Wasser erwähnt, können Sie von ca. 10 % ausgehen. Der Energiegehalt jeder Komponente kann einfach berechnet werden, indem man die enthaltene Menge (in %) mit dem Wert der metabolisierbaren Energie des Nährstoffes (aus der Tabelle Seite 38) multipliziert. Beispiel: Enthält ein Futter 25 % Proteine, so wird der Wert 25 multipliziert mit 3,5 kcal/g. Das Ergebnis besagt, dass in 100 g des Futters 87,5 kcal an metabolisierbarer Energie in Form von Eiweiß enthalten sind.

BERECHNUNG DES ENERGIEBEDARFS

Um die tägliche Futtermenge eines Hundes zu errechnen, ist es wichtig, den Energiebedarf zu kennen. Hierfür werden zwei Größen herangezogen:

RER = Resting Energy Requirement
DER = Daily Energy Requirement

Beide werden in kcal pro Tag gemessen. Der RER bezeichnet den Energiebedarf eines normalen Tieres im Ruhezustand, in einer thermoneutralen Umgebung. Hineingerechnet wird diejenige Energiemenge, die auf die Erholung nach physischer Aktivität und Futteraufnahme aufgewendet werden muss.
Der tägliche Energiebedarf (DER) hingegen bezeichnet den durchschnittlichen Energieverbrauch eines Tieres in Abhängigkeit von Lebensphase und Aktivität. Dazu gehört die für körperliche und geistige Leistung, Laktation, Trächtigkeit oder Wachstum aufgewendete Energie.

Spielen und Toben verbraucht Energie.

DER TATSÄCHLICHE BEDARF

Die tatsächlich täglich benötigte Energiemenge sollte eher ins Verhältnis zur Körperoberfläche als zum Körpergewicht gesetzt werden (sie berechnet sich also nicht aus dem Körper-

ENERGIEBEDÜRFNIS

Die Kastration macht nicht dick, sondern das Nicht-Anpassen der Futtermenge an den veränderten Energiebedarf! Dieser wird mit bis zu 20 % weniger angegeben im Vergleich zu unkastrierten Tieren. Diverse Erkrankungen führen ebenfalls zu teils erheblichen Veränderungen der individuellen Energiebedürfnisse. Ein apathischer Hund, der sich wenig bewegt und warme Umgebungen aufsucht, hat meist einen verringerten RER. Im Fall von Traumata oder nach Operationen steigt der DER.

gewicht in kg, sondern bezieht sich ähnlich wie der Bedarf an anderen Nährstoffen auf das „Stoffwechsel"- bzw. „metabolische Gewicht", das man errechnet, indem man das Körpergewicht in kg zur Dreiviertelpotenz erhebt). Diese Tatsache resultiert daraus, dass kleinere Tiere eine relativ zum Körpergewicht größere Oberfläche haben und somit einen höheren Wärmeverlust. Hieraus ergibt sich rechnerisch ein höherer RER.
Praktisch gilt:
RER = 30 x kg Körpergewicht + 70
DER = RER x Faktor X
Faktor X variiert
Für einen 10 kg schweren, unkastrierten, ausgewachsenen, gesunden Hund ergeben sich rechnerisch:
30 x 10 = 300 + 70 = 370 x 1,6 = 592 kcal/Tag.
Die angeführten Werte stellen immer nur Richtwerte dar, denn innerhalb einer jeden Kategorie sind individuelle, teils erhebliche Unterschiede in den Erfordernissen möglich. Die tatsächliche tägliche Futtermenge sollte daher nicht strikt „nach Tabelle" berechnet werden, jedenfalls nicht ausschließlich.
Ein anderer Ansatz zur Berechnung des täglichen Energiebedarfes geht heute von einem etwas niedrigeren Kalorienbedarf aus. Demzufolge benötigt ein normalgewichtiger, ausgewachsener und durchschnittlich aktiver Hund pro kg metabolischen Körpergewichts (Stoffwechselgewicht) und Tag im Durchschnitt ca. 95 kcal. Besonders aktive Tiere benötigen ca. 30 % mehr (125 kcal), für alte Hunde sowie inaktivere Tiere hingegen kann der Tagesbedarf mit 30 % weniger angesetzt werden, also ca. bei 65 kcal. (Quelle: Fritz, 2015)
Hunde im Wachstum, Arbeitstiere wie z. B. Schlittenhunde, Spürhunde etc., säugende oder trächtige Hündinnen haben einen darüber hinaus gesteigerten Energie- und auch sonstigen Nährstoffbedarf.
Der Energie- und auch sonstige Nährstoffbedarf während der Trächtigkeit und Laktation hängt natürlich stets von der Anzahl der Welpen ab. Als generelle Regel gilt, dass der Energiebedarf einer Hündin während der Hochlaktation pro Welpe um ¼ steigt. Eine Hündin bräuchte dementsprechend und vereinfacht ausgedrückt also pro Welpe 25 % zusätzliches Futter.

☞ LEBENSSITUATION UND ENERGIEBEDARF

LEBENSSITUATION	TÄGLICHER ENERGIEBEDARF (DER)
Unkastriertes, erwachsenes Tier	1,6 x RER
Kastriertes, erwachsenes Tier	1,4 x RER
Neigung zu Adipositas (Fettleibigkeit)	1,4 x RER
Älterer Hund	1,4 x RER
Trächtige Hündin Woche 1 bis 4 Woche 5 bis 6 Woche 7 bis 9	je nach Zahl der Foeten 2,0 x RER 2,5 x RER 3,0 RER
Laktierende Hündin	4–8 x RER, je nach Wurf
Hunde im Wachstum Bis 4 Monate 4 bis 9 Monate 10 bis 12 Monate	 3,0 x RER 2,5 x RER 2,0 x RER

SELBST ZUBEREITETE NAHRUNG

Bei der Zusammenstellung eigener Futterrationen ist es besonders wichtig, nicht nur den Energie- und den Eiweißbedarf zu kennen, sondern die täglich notwendigen Mengen weiterer 25 Nährstoffe, ohne die eine ausgewogene Ernährung nicht möglich sind (S. 43). Experten (siehe nützliche Adressen, Seite 124) bieten heute sogenannte computergestützte Rationsanalysen und -berechnungen an, mit dem Ziel, dem Hundehalter individuell erstellte Fütterungspläne an die Hand zu geben, welche auf dem speziellen Nährstoffbedarf des einzelnen Hundes basieren.

Besonders aktive Hunde wie Hütehunde weisen einen vergleichsweise hohen Energie- und Nährstoffbedarf auf.

BERECHNUNG DES NÄHRSTOFFBEDARFS

Da die Energiedichte hausgemachter Rationen je nach Fettgehalt (von den Einzelzutaten abhängig) erheblich variiert und nur schwer ermittelbar ist, sollte man das Gewicht des Hundes in regelmäßigen Abständen kontrollieren. Besonders bei Fütterungsumstellungen bzw. -anpassungen sollte der Hund einmal wöchentlich auf die Waage.

PROTEINBEDARF

Energie- und Proteinbedarf verlaufen parallel zueinander. Der Proteinbedarf wird auf der Basis der täglich aufgenommenen Futtermenge und in diesem Fall nicht auf Basis der Trockensubstanz ermittelt. Er wird angegeben und ermittelt in g Rohprotein pro kg Stoffwechselgewicht und Tag.
So benötigt ein gesunder, junger adulter Hund ca. 5,5 g Rohprotein pro kg Stoffwechselgewicht pro Tag (Quelle: Kamphues et al. 2014). Da Energie- und Proteinbedarf auf ähnliche Weise berechnet werden, kann auch das Verhältnis von Protein zu Energie für die Berechnung genutzt werden (10 g Rohprotein bzw. verdauliches Rohprotein pro MJ Bruttoenergie bzw. verdauliche Energie, siehe S. 38).
Getreideproteine weisen kein optimales AS-Profil auf. Sie enthalten wenig Tryptophan, Lysin und Methionin. Aus diesem Grund

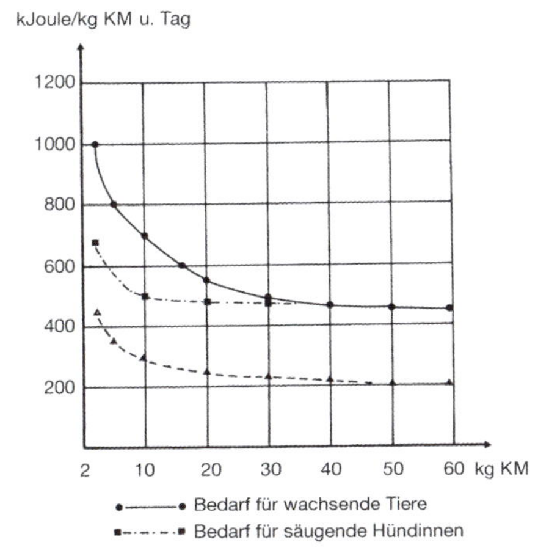

Energiebedarf in Abhängigkeit vom Körpergewicht (Quelle: Suter, Kohn, Niemand: Praktikum der Hundeklinik)

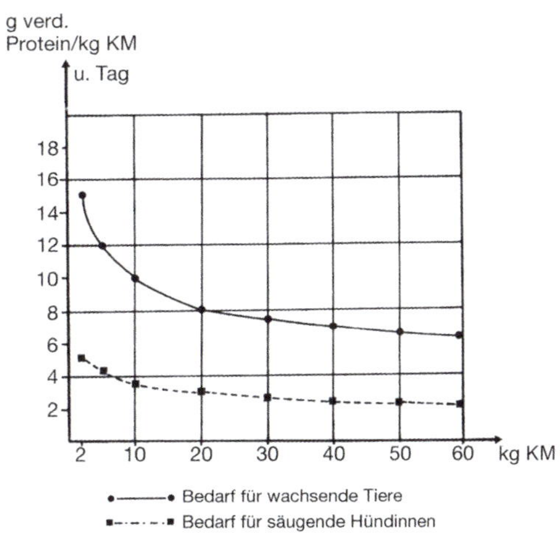

Proteinbedarf in Abhängigkeit vom Körpergewicht (Quelle: Suter, Kohn, Niemand: Praktikum der Hundeklinik)

Vielfalt bei der Wahl der Nahrungsfette

Mageres Fleisch hat einen hohen Eiweißgehalt.

sollten stets tierische mit pflanzlichen Proteinen kombiniert werden, um eine Ausgewogenheit zu erzielen. Tierisches Protein erfüllt auf ideale Weise die Bedürfnisse an essenziellen AS und sollte im Futter gesunder ausgewachsener Hunde ca. 30 bis 40 % ausmachen. Für Futter zur Deckung des Erhaltungsbedarfes ausgewachsener Hunde sollte das Verhältnis von tierischem zu pflanzlichem Protein idealerweise zwischen 1 : 1 und 3 : 1 liegen. Das AS-Profil kann durch Zugabe von Ei-Eiweiß oder Leber sowie Milchprodukten (z. B. Quark, Hüttenkäse) verbessert werden.

FETTBEDARF

Die Fettquelle sollte generell zwischen 5 und 15 % der Gesamtkalorienmenge liefern. Hierfür ist der individuelle Kalorienbedarf des Hundes zu berücksichtigen. Achten Sie auch auf den Gehalt an mehrfach ungesättigten (essenziellen) Fettsäuren. Pflanzliche Öle wie etwa Distel- oder Nachtkerzenöl sind besonders reich an Linolsäure (Omega-6). Eine zusätzliche Quelle an Omega-3-Fettsäuren bieten neben Fischölen fettreiche Fischsorten wie Lachs oder Thunfisch, die gegen einen Teil des mageren Muskelfleisches ausgetauscht werden können und die im Fall von Meeresfisch auch eine gute Jodquelle darstellen. Kohlenhydrate liefern die restliche benötigte Energie.

Je höher der Fettanteil in Fleisch oder Fisch, umso höher liegt der Energiegehalt und umso niedriger der Eiweißgehalt.

NÄHRSTOFFVERHÄLTNIS

Nach der Berechnung der nötigen Energiedichte des Futters erfolgt die Festlegung des korrekten Verhältnisses von Nährstoffen zu Energie. Zu diesem Zweck wird jedes Gramm Protein und jedes Gramm Kohlenhydrat mit 3,5 kcal (14,64 kJ), jedes Gramm Fett mit 8,5 kcal (35,56 kJ) multipliziert.

Nun ist es sinnvoll, die Nährstoffgehalte in % der Trockensubstanz und das Verhältnis von Nährstoffen zu Energie zu überprüfen. Besondere Lebenssituationen können hier gegebenenfalls Berücksichtigung finden. Im Fall eines übergewichtigen Hundes kann ein Teil Muskelfleisch als Eiweißquelle durch Bohnen als pflanzlicher Eiweißträger ersetzt werden, der einen vergleichsweise höheren Gehalt an Rohfaser bei einem niedrigeren Fettgehalt aufweist. Die Zusammensetzung einer Ration sollte also durchaus flexibel sein.

MINERALSTOFFE UND VITAMINE

Praktisch alle hausgemachten Futterrationen bedürfen einer Ergänzung an Vitaminen und Mineralstoffen.

Einige fertige, im Handel erhältliche Mineralvormischungen können nicht den Kalziummangel ausgleichen, der in den meisten selbst zubereiteten Rationen (ausgenommen BARF-Rationen mit entsprechendem Knochenanteil) herrscht oder haben nicht die geeignete Zusammensetzung zur Ergänzung verschiedener Fütterungsmethoden („Cooking“, BARF, Ausschlussdiät etc.). Daher sollte gegebenenfalls auf eine Kalziumquelle wie Knochenmehl, Kalziumzitrat, Kalziumkarbonat, Algenkalk oder eine Kalzium- und Phosphatquelle (Dikalziumphosphat) in Kombination mit Spurenelementen und Vitaminen zurückgegriffen werden.

Spezialisierte Tierärzte haben zudem in den letzten Jahren (siehe nützliche Adressen, S. 124) spezielle Vitamin-Mineral-Zusätze entwickelt, die Sie in der Regel über den Haustierarzt beziehen können und die je nach Zusammensetzung zur Ergänzung und Komplettierung selbst zubereiteter Futterrationen optimal geeignet sind. Die genannten Spezialisten bieten zudem in der Regel auch Rationskalkulationen/-analysen mithilfe spezieller Computerprogramme an, um den speziellen Ergänzungsbedarf im individuellen Fall zu ermitteln. Sprechen Sie einfach Ihren Haustierarzt an.

Einige Beispiele für „natürliche" Nahrungsergänzungen: Leber ist reich an Spurenelemen-

☞ EMPFEHLUNGEN FÜR DEN TÄGLICHEN ERHALTUNGSBEDARF

BEDARF PRO KG KÖRPERMASSE UND TAG	EINHEIT	AUSGEWACHSENE HUNDE	WACHSENDE HUNDE (5.–6. MONAT)
Kalzium (Ca)	mg	80	240-305
Phosphor (P)	mg	60	130-160
Kalium (K)	mg	55	65
Natrium (Na)	mg	50	60
Magnesium (Mg)	mg	12	17
Eisen (Fe)	mg	1,4	3,0-3,7
Kupfer (Cu)	mg	0,1	0,2-0,3
Mangan (Mn)	mg	0,07	0,07-0,08
Zink (Zn)	mg	1	3,9-5,1
Linolsäure		ca. 1 % des Kalorienbedarfs	
Jod (J)	µg	15	50
Vitamin A	IE	75-100	250
Vitamin D	IE	10	20
Vitamin E	mg	1	2
Thiamin	µg	40	60
Riboflavin	µg	90	500
Vitamin B6	µg	25	70
Pantothensäure	µg	250	680
Nikotinsäure	µg	250	680
Vitamin B12	µg	0,58	1,6

(modifiziert nach Meyer & Zentek, 2005)
Quelle: Suter, P.F., B. Kohn und H.G. Niemand: Praktikum der Hundeklinik

ten wie z. B. Kupfer sowie Vitamin A. Leber, Nieren und Eigelb enthalten viel Eisen. Bierhefe liefert B-Vitamine, Lysin und weitere essenzielle Aminosäuren. Vitamin E kann z. B. durch Sonnenblumenkerne, Vitamin D durch Lebertran, Jod durch Seealgen oder Meeresfisch ergänzt werden.
Sollen ausschließlich oder hauptsächlich selbst zubereitete Futter zum Einsatz kommen, konsultieren Sie Ihren Haustierarzt und bitten diesen ggf. um einen Kontakt für eine professionelle Ernährungsberatung bzw. fachkundige Rationsanalyse/-überprüfung.

WANN, WIE UND WIE OFT WIRD GEFÜTTERT?

Futter sollte generell die Energie- und Nährstoffbedürfnisse des Hundes erfüllen, also in der Zusammensetzung ausgewogen sein. Wichtig ist aber auch, dass es vom Hund gerne angenommen und zügig gefressen wird.

DER RICHTIGE NAPF

Fressnäpfe sollten beißfest, leicht zu reinigen, von ausreichender Größe und schwer (stabil) sein. Die ideale Größe variiert je nachdem, ob Trocken- oder Feuchtfutter (der Napf muss die fünffache Größe haben) gefüttert wird.

Näpfe aus unterschiedlichen Materialien

Plastiknäpfe sind häufig zu leicht, sodass der Hund sie bei der Futteraufnahme umherschiebt. Gegebenenfalls können rutschfeste Unterlagen dies verhindern. Eine runde Form ist einer eckigen vorzuziehen, da der Hund den Napf einfacher leeren und der Halter ihn besser reinigen kann.
Futterständer sind ideal für große Hunde, da sie daran aufrecht stehen können. Zudem haben die Näpfe darin einen sicheren Halt und verrutschen nicht.
Einige Kunststoffe und Metalllegierungen können in seltenen Fällen Hautreaktionen (Kontaktallergien) verursachen. Zudem können besonders Kunststoffnäpfe zerbissen und zerkaut und Teile abgeschluckt werden.

DER FUTTERPLATZ

Damit der Hund sich an einen festen Fressplatz gewöhnen kann, sollten die Näpfe stets am gleichen Ort stehen. Auch sollte er während des Fressens nicht gestört werden, damit kein Konkurrenzdruck entsteht und er sein Futter zu hastig herunterwürgt.
Leben mehrere Hunde in einem Haushalt zusammen, muss jedem von ihnen ein separates Fressgeschirr zur Verfügung gestellt werden. Ob die Tiere gleichzeitig gemeinsam gefüttert werden können, hängt von den sozialen Verhältnissen (der Rangordnung) und der Gewöhnung ab.

WASSERAUFNAHME

Wasser muss stets unbegrenzt zur Verfügung stehen. Die täglich aufgenommene Wassermenge richtet sich beim gesunden Hund nach äußeren Faktoren (Aktivität, Außentemperatur etc. sowie Art der Fütterung). Sie ist bei der Verabreichung von Trockenfutter erhöht. Grob lässt sich sagen, dass ein gesunder Hund ca. 50 ml Wasser pro kg Körpergewicht und Tag aufnimmt, dies bedeutet beispielsweise 1 Liter Wasser pro Tag für einen 20 kg schweren Hund.
Das Trinkwasser sollte auch nachts für den Hund zugänglich sein.

Meist problemlos: der Napf auf dem Boden

Erhöhte Näpfe brauchen rutschfeste Halterungen.

DIE FUTTERMENGE

Den Energie- und Nährstoffbedarf (und somit die tägliche Futtermenge) eines Hundes kann man zwar grob kalkulieren, tatsächlich hängt jedoch beides auch von einer Vielzahl kaum oder nur schwer zu errechnender Faktoren ab. Zudem können zeitweise Variationen im Bedarf entstehen, etwa durch zusätzliche Aktivität, höhere oder niedrigere Außentemperaturen.

Selbst die Rasse gilt es zu berücksichtigen. Neufundländer haben einen Energiebedarf, der ca. 15 % unter dem Durchschnitt liegt, während der Energiebedarf von Deutschen Doggen oder Dalmatinern bis zu 16 % über dem Durchschnitt liegen kann.

Kastrierte Hunde benötigen ca. 20-25 % weniger Kalorien verglichen mit unkastrierten Tieren. Stehen erfordert 40 % mehr Energie als Liegen. Allein dies verdeutlicht eindrucksvoll den unterschiedlichen Energiebedarf je nach Aktivitätsgrad.

Alte und generell trägere Hunde benötigen 10–20 % weniger Futter im Vergleich zu einem jungen, aktiven Tier.

Aus diesen Gründen können jegliche Fütterungs- und Mengenempfehlungen stets nur grobe Richtwerte enthalten und man kann sagen, dass derjenige Hund die richtige Energie- und Nährstoffmenge (Futtermenge) erhält, der sein Idealgewicht hat und hält.

FUTTERAUFNAHME

Frisst ein Hund sein Futter nicht oder nur teilweise, sollte es entfernt werden. So gewöhnt er sich an eine zügige Futteraufnahme. Besonders Feuchtfutter verdirbt schnell und sollte deshalb niemals länger im Napf bleiben. Verweigert ein Hund einmal seine Nahrung, ist dies noch kein Grund zur Sorge. Ein Tierarzt sollte jedoch konsultiert werden, wenn die Nahrungsverweigerung länger als zwei bis drei Tage anhält oder der Hund krank erscheint.

NAHRUNGSMITTEL-UNVERTRÄGLICHKEIT

Boykottiert ein Hund seine Futterration oder frisst lustlos und zögernd, so handelt es sich wahrscheinlich um kein ideales Futtermittel. Von der Qualität generell abgesehen, soll es individuell verträglich sein, keine Störungen der Verdauung wie etwa Blähungen, Durchfall, Verstopfungen oder Erbrechen verursachen.

Der Kot sollte eine normale Konsistenz und Farbe haben. Ein zu häufiger Kotabsatz kann bereits einen Hinweis auf Nahrungsmittelunverträglichkeiten oder eine Futtermittelallergie darstellen. Eine Kotabsatzfrequenz von mehr als dreimal pro Tag kann ein Indiz dafür sein. Auch eine schlechte Fellqualität, trockene, schuppige Haut oder Juckreiz können ebenso wie wiederkehrende Ohr- oder Hautinfektionen auf eine Nahrungsmittelunver-

Betteln gehört sich nicht - ebensowenig Kaffee und Kuchen für Hunde, beides enthält für Hunde giftige Komponenten.

träglichkeit und/oder einen Nährstoffmangel hindeuten (siehe S. 110–113). Selbstverständlich muss Futter frei von Keimen, Parasiten (bzw. deren Eiern) oder sonstigen Schadstoffen und Giften sein.

FUTTERTEMPERATUR

Futter sollte stets bei Raumtemperatur angeboten werden. Die Schmackhaftigkeit lässt sich durch Erwärmen auf Körpertemperatur steigern. Auch etwas Pflanzenöl oder auch etwas tierisches Fett kann, übers Futter gegeben, Schmackhaftigkeit und Akzeptanz steigern. Bieten Sie niemals Futter direkt aus dem Kühlschrank oder gar tiefgefroren an. Sie riskieren sonst eine Schädigung der Schleimhäute im Verdauungstrakt.

FÜTTERUNGSZEITEN

Im Gegensatz zu Katzen, die sogenannte „Snackfresser" sind, also häufig (10- bis 20-mal) kleine Mengen zu sich nehmen müssen, genügen beim Hund zwei Hauptmahlzeiten, evtl. ergänzt durch ein bis zwei Zwischenmahlzeiten oder das Füttern von Leckerlis/Kauartikeln als Belohnung. Besonders hartnäckig hält sich die Auffassung, dass ein Hund nur einmal am Tag fressen sollte. Dies gilt als überholt und kann je nach Futter oder Größe des Hundes sogar zu Problemen führen. Viele Hunde, die nur einmal täglich (morgens) gefüttert werden, können aufgrund einer Übersäuerung des Magens über Nacht erbrechen („Syndrom des morgendlichen Galleerbrechens"). Oft kann dieses Problem durch Verabreichen einer zusätzlichen Mahlzeit am Abend behoben werden.

Der Zeitpunkt der Fütterungen sollte regelmäßig und konstant sein, da der Hund sich daran gewöhnt. Eine Ruhephase von 2 bis 3 Stunden nach der Nahrungsaufnahme zur Verdauung ist empfehlenswert!

Wichtig bei der Bestimmung des Fütterungszeitpunktes ist die Berücksichtigung der Verdauungsphase und der Möglichkeit zum Kotabsetzen. Die Hauptmahlzeit kann also morgens (von mir bevorzugt) oder abends angeboten werden. Bestimmte und wichtige Verdauungsmechanismen, wie beispielsweise

BETTELN

Vermeiden Sie allzu große Unregelmäßigkeiten und vor allem das Füttern während der eigenen Mahlzeiten oder das Nachgeben auf Bettelversuche des Hundes. Erfolgserlebnisse führen zu lästigen und schwer wieder abzustellenden Verhaltensweisen.

der Speichelfluss, werden bei wild lebenden Fleischfressern durch Sichtung, Jagen und Schlagen der Beute ausgelöst. Diese können beim Haushund auch durch das Fütterungsritual bzw. den -zeitpunkt in Gang gesetzt werden, was ein weiterer Grund für feste Fütterungszeiten sein kann.

FASTENTAGE

Ein genereller Fastentag pro Woche zur Darmreinigung ist nicht zwingend erforderlich, außer wenn der Hund sich überfressen oder erbrochen hat. Bei Durchfällen und/oder Erbrechen kann es ebenfalls hilfreich sein, wobei es auch die Theorie des „feed through diarrhea" (bei Durchfällen durchfüttern) gibt. In diesem Fall ist das Füttern mehrerer Portionen leicht verdaulicher Kost ratsam. Eventuell sollte hierüber gemeinsam mit dem Tierarzt entschieden werden. Wer für Abwechslung sorgen möchte oder eine gewisse Darmreinigung anstrebt, kann statt eines Fastentages regelmäßig einen vegetarischen Tag einführen, zum Beispiel mit Milchprodukten wie Hüttenkäse, Magerquark, Ei oder auch Molkereiprodukten wie Buttermilch, Kefir, pflanzlichen Ölen, Gemüse, Obst usw. (siehe S. 78).

FUTTERUMSTELLUNG

Unser Hund hat nicht die Möglichkeit, sein Futter selbst zu wählen. Wir bestimmen, was in die Schüssel kommt. Ernähren wir ihn über einen längeren Zeitraum (gemeint sind Jahre) mit einem bestimmten Alleinfutter, kann dies bei abrupter Nahrungsumstellung zu Verdauungsproblemen führen. Das bedeutet nicht unbedingt, dass das neue Futter dem vorherigen qualitativ unterlegen ist. Der Verdauungstrakt muss sich lediglich erst einmal daran gewöhnen. Jede Umstellung sollte also umso langsamer erfolgen, je länger ein Futtermittel hauptsächlich oder ausschließlich gefüttert wurde. Eine Umstellung sollte über drei, im Idealfall über sieben Tage erfolgen. Mischen Sie kleine Portionen des neuen Futters unter das alte. Erhöhen Sie die Menge langsam, bis Sie nur noch das neue Futter geben.

NAHRUNGSERGÄNZUNG

Werden ausgewogene Alleinfutter verfüttert, so bedarf es unter normalen Umständen keinerlei Nahrungsergänzungen (Mineralfuttermischungen, Vitaminpräparate). Ihr zusätzlicher Gebrauch kann zu gesundheitsschädigender Überdosierung bestimmter Nährstoffe führen.

Trockenartikel bieten Abwechslung und Knabberspaß.

ABWECHSLUNG – JA ODER NEIN?

Ob es notwendig ist, einen ständig wechselnden Speiseplan zu erstellen, ist schwierig zu beantworten. Generell gewöhnen sich Hunde an eine Standardkost, die sie problemlos und dauerhaft zu sich nehmen, auch wenn die Reaktion des Vierbeiners auf den „Reiz des Neuen" oftmals ein Bedürfnis an wechselnden Futtersorten suggeriert. Aus meiner Sicht spricht vieles für Abwechslung, die zudem auch eine Art „Schulung" des Verdauungs- und Immunsystems darstellen kann.

ZAHNGESUNDHEIT

Zur Förderung der Zahngesundheit und auch als Beschäftigung (nicht als Ersatz für die direkte Zuwendung oder gar den Spa-

Kauartikel tragen durch den entsprechenden Abrieb auch zur Zahngesundheit von Hunden bei.

ziergang) eignen sich Kauartikel. Dies gilt insbesondere, wenn ausschließlich oder hauptsächlich Feuchtfutter angeboten wird. Geeignet sind bestimmte Knochen und Knochenersatzprodukte, die aus tierischen Nebenprodukten bestehen (z. B. Sehnen, Büffelhautknochen oder Klauenhorn). Diese werden zu kleinen weichen Teilen zerkaut und können abgeschluckt ungehindert den Magen-Darm-Trakt passieren. Vorsicht mit gekochten Knochen (Splittergefahr), quer geschnittenen Röhrenknochen und bei Hunden, die an die Fütterung „echter" Knochen nicht gewöhnt sind. Auch Verstopfungen („Knochenkot") können die Folge übermäßiger Knochenfütterung sein.
Zudem gibt es eine breite Palette von speziellen, kommerziellen Trockenprodukten (hart gebackene Biskuits und Ähnliches), die die Kautätigkeit anregen und durch eine reibende und reinigende Wirkung zur Zahngesundheit beitragen sollen. Das Kosten-Nutzen-Verhältnis sollte jedoch sorgfältig abgewogen werden.
Die zusätzlich verabreichten Futtermittel müssen natürlich bei der Berechnung der täglichen Futtermenge berücksichtigt werden. Sie sollten nicht mehr als 5 bis 15 % der Tagesration ausmachen.

DER OPTIMALE ERNÄHRUNGSZUSTAND

Nicht nur die „Figur" spielt bei der Beurteilung des idealen Ernährungszustandes eine Rolle. Ein gesunder Hund, der eine ideale Ernährung erhält, sollte zusätzlich zum idealen Gewicht aufmerksam und interessiert an seiner Umgebung sein, ein glänzendes Fell (frei von Schuppen) aufweisen und keinerlei Verdauungsbeschwerden zeigen. Fehlernährung kann selbst zu Verhaltensabnormitäten (Aggressionen, Ängstlichkeit) führen.

GEWICHTSKONTROLLE

Ein sich im Erhaltungsstoffwechsel befindender Hund sollte sein Normalgewicht konstant halten. Zur regelmäßigen Gewichtskontrolle wiegen Sie Ihren Hund einmal monatlich. Kleine und mittlere Rassen können zu diesem Zweck auf den Arm genommen und zusammen mit dem Besitzer auf einer Personenwaage gewogen werden. Das Gesamtgewicht abzüglich des Gewichtes des Hundehalters ergibt das Gewicht des Hundes. Für größere Hunde stehen spezielle Bodenwaagen (in den meisten Tierarztpraxen) zur Verfügung.
Ein Gewichtsverlust kann futtermittelabhängig (ungenügende Mengen, schlechte Quali-

tät, herabgesetzte Verdaulichkeit, Unter- ebenso wie Überdosierung einzelner oder mehrerer Nährstoffe) sowie krankheitsbedingt (Erkrankungen des Verdauungstraktes, Parasitenbefall etc.) sein. Eine Gewichtszunahme kann ebenfalls krankheitsbedingt sein, ist aber meist auf eine zu hohe Futtermenge (bzw. eine zu hohe Energiezufuhr) zurückzuführen. Auch ein verringerter Energiebedarf wie z. B. nach der Kastration oder bei veränderten Umgebungs- und Haltungsbedingungen (Bewegung, Auslauf, Umgebungstemperatur) kann bei gleichbleibender Futtermenge zu einer Gewichtszunahme führen. Kalkulieren Sie also ggf. die tägliche Futter-/ Energiemenge neu. Vergessen Sie nie, auch die Leckerlis in die Berechnung der täglichen Futtermenge mit einzubeziehen.

Kontrollieren Sie regelmäßig das Gewicht Ihres Hundes.

KOTBESCHAFFENHEIT

Zusätzlich zur Beschaffenheit des Kotes (Volumen, Konsistenz, Feuchtigkeit) ist die Beurteilung des Kotabsatzverhaltens zu berücksichtigen. Erschwerter, sehr schmerzhafter Kotabsatz kann durch zu festen Kot bedingt sein. Ein zu hoher Rohfaser- oder Ascheanteil (Knochen) ist oftmals die Ursache. Eventuelle Passagebehinderungen, etwa durch Raum fordernde Prozesse (z. B. Tumore) im Beckenbereich, Prostatavergrößerungen usw., sind gegebenenfalls tierärztlich abzuklären. Gleiches gilt bei chronisch zu weichem Kot.

Zu viele Knochen können zu hartem Kot führen.

FETTLEIBIGKEIT

Adipositas ist kein „kleines Missgeschick" oder eine rein ästhetische Angelegenheit. Es handelt sich um eine Krankheit mit einer Vielzahl gravierender gesundheitlicher Folgeprobleme, die unbehandelt unweigerlich zu einer erheblichen Verkürzung der Lebenserwartung führt (bis zu 2 Jahre!). Einmal abgesehen von der auch für unsere Tiere dramatischen Verringerung der Lebensqualität.

DAS GEWICHT
— *zu viel, zu wenig oder ideal?*

Der sogenannte Körperkonditionswert (auch Körperkonditionsindex, KKI) beschreibt den Körperzustand eines Tieres aufgrund von visuellen und ertastbaren Beurteilungskriterien und gibt an, ob ein Hund Untergewicht, Übergewicht oder Idealgewicht hat. Der Zielkörperkonditionswert sollte 3 sein.

1. SEHR DÜNN

Rippen: Leicht ertastbar, ohne Fettschicht darüber
Schwanzansatz: Knochen stehen hervor, keine Gewebe zwischen Haut und Knochen
Seitenansicht: Flanken stark eingefallen
Ansicht von oben: Ausgeprägte Sanduhrform

2. UNTERGEWICHT

Rippen: Leicht ertastbar, ohne Fettschicht
Schwanzansatz: Knochen stehen hervor, minimale Gewebsschicht zwischen Haut und Knochen
Seitenansicht: Flanken eingefallen
Ansicht von oben: Sichtbare Sanduhrform

3. IDEALGEWICHT

Rippen: Leicht ertastbar, leicht dünne Fettschicht
Schwanzansatz: Glatte Kontur, aber Knochen können unter dünner Fettschicht gefühlt werden
Seitenansicht: Flanke leicht eingefallen
Ansicht von oben: Gut proportionierte Taille

4. ÜBERGEWICHT

Rippen: Schwer ertastbar wegen mäßiger Fettschicht
Schwanzansatz: Gewisse Verdickung, aber Knochen sind unter mäßiger Fettschicht ertastbar
Seitenansicht: Keine Flankengrube oder Taille
Ansicht von oben: Rücken ist leicht verbreitert

Wenn der Hund Idealgewicht hat, sind die Rippen leicht ertastbar.

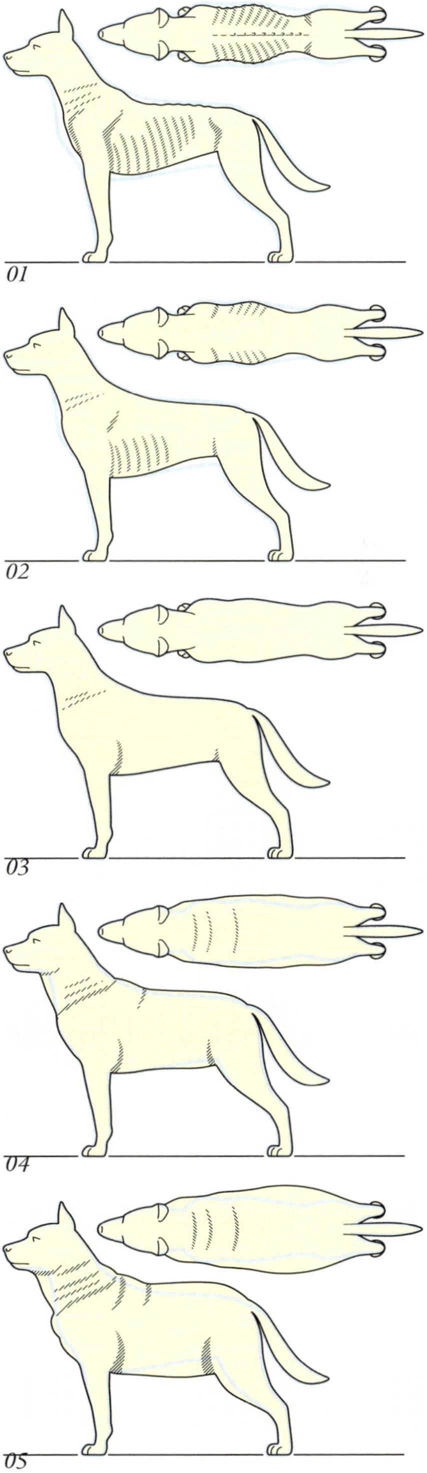

5. FETTSUCHT

Rippen: Schwer ertastbar wegen dicker Fettschicht
Schwanzansatz: Verdickt und unter dicker Fettschicht schwer ertastbar
Seitenansicht: Fett hängt vom Bauch herab und es ist keine Taille erkennbar
Ansicht von oben: der Rücken ist leicht verbreitert

(Quelle: „Grundlagen der Kleintierernährung“, Hill’s Pet Nutrition, Inc.)

01 Sehr dünn
02 Untergewicht
03 Idealgewicht
04 Übergewicht
05 Fettsucht

VERSCHIEDENE FÜTTERUNGSMETHODEN

— *Fertigfutter oder selbstgemacht*

INDUSTRIELL HERGESTELLTE FUTTERMITTEL

Nach deutschem und EU-Futtermittelrecht müssen die Hersteller von Hundefutter das Futter kennzeichnen und die Inhaltsstoffe auflisten und aufschlüsseln.

Jedoch lässt die Kennzeichnungspflicht viel Freiraum und erlaubt teils ungenügende, teils irreführende Beschreibungen und Angaben. Zudem ist es oftmals schwierig, reine und vielfach irreführenden Werbeaussagen und –versprechen von den gesetzlich vorgeschriebenen Inhaltsangaben zu unterscheiden.

ARTEN INDUSTRIELLER FUTTERMITTEL

Alleinfutter müssen sicherstellen, dass bei einer ausschließlichen Verwendung alle Nahrungsbedürfnisse des Hundes gedeckt werden und es zu keinen Mangelerscheinungen durch fehlende, lebensnotwendige Nährstoffe kommt. Mit anderen Worten: Alleinfuttermittel müssen alles enthalten, was der Hund benötigt.
Bei Alleinfutter unterscheidet man:
- Trockenfutter (10 bis 12 % Wassergehalt), empfohlen < 12 %;
- Feucht- oder Dosenfutter (60 bis 87 %; Wassergehalt), empfohlen < 80 %;
- halbfeuchte Futter (17 bis 20 % Wassergehalt).

Ergänzungsfutter sollen andere Futtermittel komplettieren, d.h. so weit ergänzen, dass die Gesamtration in ihrem Nährstoffgehalt vollwertig ist. Ergänzungsfuttermittel können folgendermaßen beschaffen sein:
- kohlenhydratreiche Ergänzungsfutter (z. B. zur Ergänzung einer eiweißreichen Diät);
- eiweißreiche Ergänzungsfuttermittel (z. B. zur Ergänzung einer eiweißarmen Diät);
- Mineralfutter oder vitaminierte Mineralfutter ergänzen Futtermittel, bei denen ein zu geringer Gehalt an diesen Nährstoffen vorausgesetzt wird bzw. herrscht;
- fetthaltige Ergänzungsfutter (z. B. zur Ergänzung essenzieller Fettsäuren).

Aussehen und Geruch eines Fertigfutters können die Kaufentscheidung beeinflussen.

Beifutter kann stets zusätzlich zu Alleinfuttermitteln oder auch gemischter Kost verabreicht werden. Hierzu zählen beispielsweise Kauknochen, Knabberstangen etc., die zur Beschäftigung oder Zahnreinigung dienen, Hundekekse und Leckerlis als Belohnungshappen und vieles mehr.
Ergänzungsfutter erhebt – verglichen mit einem Alleinfutter – nicht den Anspruch auf Ausgewogenheit in der Zusammensetzung in Bezug auf sämtliche Nährstoffe.

Schmeckt vielen: selbst und frisch zubereitete Rationen

QUALITÄTSSICHERUNG

Industrielle Futtermittel (nicht nur Alleinfuttermittel) werden oft bezichtigt, Abfälle, Suchtstoffe oder sonstige schädliche Zutaten zu enthalten. Dies ist im Zeitalter einer zunehmenden gesetzlichen Reglementierung und wachsender Konkurrenz in den meisten Fällen sicher nicht zutreffend. Innerhalb der EU kann davon ausgegangen werden, dass die Qualität von industriellen Futtermitteln zumindest strengen Qualitätskontrollen im Sinne einer Qualitätssicherung unterliegt.
Schwarze Schafe gibt es allerdings auch hier. Einige Angaben auf der Verpackung von Futtermitteln sind obligatorisch, andere fakultativ, auf jeden Fall können sie verwirrend sein. Die Verwendung nicht für den menschlichen Verzehr geeigneter Rohstoffe wird in einigen Fällen zu Unrecht beanstandet, da es sich z. B. durchaus um für den Hund gesunde Nebenprodukte (z. B. Organe) handeln kann, die aus kulturellen Gründen schlichtweg nicht auf unserem Speiseplan stehen. Im Idealfall führt dies gar zu einer „vollständigeren“ Verwertung von Schlachttieren. Nichtsdestotrotz entziehen sich dem Verbraucher beispielsweise Herkunft, Qualität, Lagerung oder Verarbeitungsart der verwendeten Rohstoffe. In einer Untersuchung von Trockenfutterproben wurden teils hohe Konzentrationen giftiger (von Schimmelpilzen stammender) Mykotoxine gefunden (Stiftung Warentest 2006).

FUTTERMITTELRECHT

Der Hersteller eines Futtermittels ist nach deutschem und europäischem Futtermittelrecht gesetzlich verpflichtet, auf dem Etikett bzw. der Verpackung anzugeben, ob es sich um ein Alleinfutter oder ein Ergänzungsfutter handelt. Bei einem Ergänzungsfutter muss zusätzlich vermerkt sein, was zugefüttert werden muss, damit die Ration vollständig ist.
Das Futtermittelrecht regelt weiterhin, dass Futtermittel

— nicht gesundheitsschädigend sein dürfen,
— falls keine besonderen Angaben gemacht werden, von handelsüblicher Reinheit und Unverdorbenheit zu sein haben,
— einen bestimmten Höchstgehalt an unerwünschten oder kritischen Stoffen nicht überschreiten,
— nur zugelassene Zusatzstoffe enthalten,
— derart gekennzeichnet sind, dass Wert und Einsatzmöglichkeit vom Käufer beurteilt werden können.

UNTERSCHIEDE BEI DER PRODUKTAUSWAHL

Viele Futtermittelhersteller ändern die Fleischsorten oder sonstigen Zutaten, je nachdem, welche Sorte gerade preiswert auf dem Markt zu beziehen ist. Einige Hersteller haben Dutzende verschiedener Formulierungen (Rezepte) für ein- und dasselbe Produkt. Dies bedeutet, dass die Zusammensetzung eines Produktes variieren kann, ohne dass die Formulierung hierfür anders lautet. Wird beispielsweise „Fleisch und tierische Nebenerzeugnisse" angegeben, so kann dies verschiedene Zutaten beinhalten, je nach Marktlage, oder auch die Verwendung desselben Rohstoffes aus einer anderen Herkunftsregion. Besonders bei empfindlichen Hunden kann das durchaus zu Problemen führen und der Grund für Unverträglichkeitsreaktionen trotz stetiger Fütterung ein- und desselben Produktes sein.

QUALITÄT

Trotz aller gesetzlichen Regelungen variieren industrielle Futtermittel teilweise erheblich im Hinblick auf ihre Qualität und die Qualität der verwendeten Rohstoffe sowie deren Verarbeitungsmethoden. Qualitätsverfahren für ihre Herstellung sind gesetzlich nicht vorgeschrieben oder geregelt und obliegen somit dem Hersteller.

Andere Hersteller verzichten freiwillig auf derartige Änderungen in der Zusammensetzung von Futtermitteln und verwenden ausschließlich und garantiert bestimmte und qualitativ hochwertige Zutaten. Freiwillige Qualitätssicherungs- und Herstellungsstandards (z. B. „best operating practices") können derartige Herstellungsprozesse definieren. Die Schlüsselfaktoren für solche Herstellungsverfahren sind:
— strikte Kontrolle der verwendeten Rohstoffe,
— umfangreiche Kenntnis der verwendeten Rohstoffe sowie
— Kontrolle des Herstellungsverfahrens.

So werden beispielsweise die verwendeten Rohstoffe auf ihre Reinheit, den Zustand nach dem Transport oder die Nährstoffzusammensetzung des verwendeten einzelnen Rohstoffes geprüft. Es wird für eine schonende und sanfte Behandlung der Rohstoffe gesorgt und die Lagerbedingungen optimal und die Lagerzeit kurz gestaltet. Qualitätskontrollen und sämtliche Aspekte der Rohmaterialien werden genauestens dokumentiert. Nichtsdestotrotz gilt beim Kauf von Fertigfuttermitteln: Einige Angaben sind freiwillig und somit bleibt der Kauf eines Produktes zu einem nicht unwesentlichen Teil Vertrauenssache.

Auch unsere Hunde zeigen teils vollkommen verschiedene Präferenzen bei der Wahl des Lieblingsfutters.

FUTTERMITTEL-INHALTSSTOFFE

Die Mengenangaben für die einzelnen Nährstoffe wie Kohlenhydrate, Proteine, Fett oder Rohfaser enthalten keine Aussage über ihre Qualität. Beispielsweise zeigen verschiedene Proteine, abhängig von ihrem Aminosäuren-Profil, erhebliche Unterschiede, was Verdaulichkeit und biologische Wertigkeit betrifft. Verschiedene Fette weisen einen unterschiedlichen Gehalt an essenziellen Fettsäuren auf, der über die Wertigkeit entscheidet. Dasselbe gilt für Rohfaser (siehe S. 22). Auch einzeln angegebene und aufgelistete Zutaten können in der Qualität unterschiedlich sein. Außerdem kann durch Transport, Lagerung und Herstellungsverfahren oder Verarbeitungsmethoden die Qualität zusätzlich verändert bzw. verschlechtert werden. Daher ist es durchaus sinnvoll, auf Herstellerangaben zu achten, die über die gesetzlich vorgeschriebenen Inhaltsstoff- oder Zutatenangaben hinausgehen. Das können unter anderem Hinweise auf zusätzliche, freiwillige Qualitätskontrollen, besonders schonende Herstellungs- und Verarbeitungsmethoden, Herkunftsangaben der einzelnen Zutaten sein. Allerdings sollte man zwischen Qualitätsmerkmalen und reinen Marketingaussagen unterscheiden. Letztere sollen lediglich eine verkaufsfördernde Wirkung erzielen.

Kohlenhydrate werden zumeist in Form von Getreide zur Verfügung gestellt. Sie sind hauptsächlich Energielieferant, gleichzeitig liefert Getreide aber auch andere Nährstoffe wie Protein, Fett, Mineralstoffe und Vitamine. Zwischen den einzelnen Getreidesorten gibt es teilweise erhebliche Unterschiede, was die Verdaulichkeit, den Gehalt an essenziellen Fett- oder Aminosäuren oder den Rohfasergehalt betrifft.

Rohfaser Zwischen den verschiedenen Rohfaserarten bestehen ebenfalls erhebliche Qualitätsunterschiede, vor allem bezogen auf die Fermentierbarkeit (siehe S. 23). So zeichnen sich beispielsweise Rübenschnitzel, Zitrusmark oder Sojaschrot durch eine schnelle Fermentierbarkeit, Zellulose und Erdnusshülsen durch eine langsame Fermentierbarkeit aus.

Protein Häufig verwendete Proteinquellen bei der Herstellung von Futtermitteln sind Geflügelmehl, Lammmehl, Fischmehl, Trockenvollei, aber auch pflanzliche Zutaten wie Sojabohnenmehl oder Maisglutenmehl. Sojabohnenmehl zeichnet sich durch einen hohen Gehalt an wichtigen, wohlschmeckenden Aminosäuren aus.

Der Gesamteiweißgehalt sowie der Gehalt an weiteren Nährstoffen variiert unter den ver-

schiedenen proteinhaltigen Inhaltsstoffen teilweise stark.
Da Hunde verglichen mit z. B. Katzen einen niedrigeren Proteinbedarf haben, darf Hundefutter mehr pflanzliches Eiweiß und durchaus einen bestimmten Stärkeanteil enthalten. Allerdings ist es für die Schmackhaftigkeit von Vorteil, wenn Hundefutter zumindest eine bestimmte Menge an tierischem Eiweiß enthält.
Fetthaltige Inhaltsstoffe haben einen Fettanteil von mindestens 50 %. Verwendung finden sowohl tierische Fette (Schweinefett, Rindertalg, Geflügelfett) als auch pflanzliche Öle (Sojabohnen, Sonnenblumen, Leinsamen, Mais). Hochwertige Fette oxidieren langsamer und verbessern schließlich die Schmackhaftigkeit der Nahrung.
Antioxidantien verhindern oxidative Prozesse („Ranzigwerden“) insbesondere ungesättigter Fettsäuren während der Lagerung und verlängern die Haltbarkeit von Trockenfutter. Bestimmte Vitamine, Mineralstoffe und weitere Substanzen haben eine biologisch antioxidative Wirkung, sie dienen im Organismus als Fänger freier Radikale. Die in der Nahrung enthaltenen Antioxidantien haben hingegen im Körper keine oder nur eine geringe antioxidative Wirkung und müssen von den biologisch wirksamen unterschieden werden. Die Vitamine E und C gehören zu den natürlich vorkommenden Stoffen mit antioxidativen Eigenschaften. Daneben finden oftmals technisch hergestellte Substanzen Verwendung (z. B. Ethoxyquin, Gallate u.a.).

MARKETINGAUSSAGEN

Aussagen wie „besonders schmackhaft“, „das Beste für Ihren Hund“, „mit erlesenen Zutaten“ gehören ganz klar in die Kategorie Marketingaussagen, während Angaben wie „Herstellungsprozess nach den ‚best operating practice‘“ oder „Fleischanteile stammen von für den Verzehr durch den Menschen geeigneten Tieren“ zum Teil etwas über die Qualität aussagen.

Bioqualität der Rohstoffe: ein Beitrag zum Tierschutz

Zusatzstoffe Hinter diesem Begriff verbergen sich alle der Nahrung zugesetzten Substanzen, die den Nährwert, die Schmackhaftigkeit, die Haltbarkeit oder das Aussehen verbessern. Zu ihnen gehören Vitamine, Lebensmittelfarbstoffe (natürliche oder synthetische, beide haben die alleinige Aufgabe, das Produkt für den Verbraucher attraktiver zu machen), Aromastoffe, Geschmacksverstärker (Hunde bevorzugen Zucker, Fett, Fleisch und Fleischhydrolysate) sowie Emulgatoren, Stabilisatoren und Bindemittel, um eine Trennung der Inhaltsstoffe zu verhindern. Um den Soßen- und Geleeanteil von Nassfutter herzustellen, werden Gummiarten verwendet wie z. B. Alginate (Braune Algen), Carageenan (Rote Algen), Guar-Gummi (zermahlenes Endosperm der Guarpflanze), mikrobiell hergestelltes Xanthan-Gummi oder Natrium-Carboxymethyl-Cellulose (modifizierte, wasserlösliche Zellulose).
Fleischhydrolysate sind schmackhafte Fleischextrakte oder Fleischessenzen, mit besonders konzentrierten Geschmacksstoffen, die ihre Verwendung als Geschmacksverstärker finden.
Konservierungsstoffe werden der Nahrung zugefügt, um die Lagerbedingungen zu opti-

mieren, indem sie Zerfall, Verfärbungen oder den Verderb verzögern. Einige dieser Substanzen sind unverzichtbar, andere (bestimmte Farbstoffe) hingegen sind nicht zwingend erforderlich.

KENNZEICHNUNGSPFLICHT

Unter den Begriffen Futter und Futtermittel verstehen wir für den Verzehr von Tieren (also auch Haus- oder Heimtieren) bestimmte Nahrung. Die Kennzeichnung/Etikettierung von Futtermitteln wird durch gesetzliche Bestimmungen über Nahrungsmittel geregelt. Diese unterstehen der Europäischen Union und sollten in allen EU-Mitgliedsstaaten einheitlich sein. Die Kontrolle obliegt jedoch den einzelnen Ländern.

Ein Etikett ist ein Rechtsdokument, dessen Angaben behördlich überprüfbar sind. Das Etikett liefert Hinweise auf die Qualität des Produktes und soll sicherstellen, dass das Produkt bzw. seine Rohmaterialien an ihren Ursprung zurückverfolgt werden können. Darüber hinaus soll es den Verbraucher über das Produkt selbst und seine korrekte Verwendung aufklären und für das Produkt werben (Marketing).

Ein Etikett lässt sich grob in zwei Bereiche unterteilen:

1. Die gesetzlich vorgeschriebene Erklärung, die alle vom Gesetzgeber geforderten Angaben enthält.
2. Das sogenannte Hauptinformationsfeld, das dem Marketingtext sowie jeglichen Abbildungen vorbehalten ist.

INHALT DER GESETZLICHEN ERKLÄRUNG

Hier sollen die folgenden Angaben klar und unmissverständlich enthalten sein:

Das Etikett muss aussagen, ob es sich bei dem Futter um ein **Alleinfutter oder ein Ergänzungsfutter** handelt. Im letzten Fall muss eine Information darüber enthalten sein, was zugefüttert werden muss, damit die Ration vollständig ist.

Die Art und die Indikation muss klar hervorgehen, also **für welche Verwendung** das Futter gedacht ist (z. B. Futter für Hunde im Wachstum). Die Tierkategorie oder -art muss angegeben werden (Heimtiere, Hund, Katze, etc.).

Eine Gebrauchsanweisung sollte Informationen über die **Futtermenge pro Tag** geben. Aber Vorsicht: Dies kann nur eine grobe Richtlinie sein, da der Energiebedarf (und damit die Futtermenge) selbst unabhängig von Größe und/oder Rasse erheblich variieren kann.

Achten Sie darauf, dass Ihr Hund eine Futtermenge bekommt, mit der er weder an Gewicht verliert noch zunimmt. Ein Hund, der in einem guten Ernährungszustand ist, bekommt die empfohlene Futtermenge über ein bestimmtes Intervall. Stelle ich fest, dass mein Hund ohne krankhaften Hintergrund zu- oder abnimmt, reduziere bzw. erhöhe ich die tägliche Haupt(allein)futtermenge für die Dauer von 2–3 Wochen um 10 %, wobei das Körpergewicht in 3- bis 4-tägigem Abstand kontrolliert wird.

Achtung: Das Prinzip FDH („Friss die Hälfte") ist gänzlich ungeeignet zur Gewichtsreduktion bei Hunden. Zunächst einmal sollte diese stets langsam erfolgen (maximal 1–2 % Körpergewicht pro Woche), zudem bedeutet

FÜR ALLE LEBENSPHASEN

Verwenden Sie kein Futter, das in der Indikation „für alle Lebensphasen geeignet" angibt, da Tiere im Wachstum, alte oder gar trächtige oder säugende Tiere einen teilweise erheblich abweichenden Nährstoffbedarf haben. Ein Futter, das allen Situationen gerecht zu werden vorgibt, ist sicher nicht für alle Tiere ideal und für manche sogar ungeeignet.

Nicht nur das Fleisch wird verwendet.

Auch „tierische Nebenerzeugnisse" kommen ins Futter.

eine Halbierung der täglichen Futtermenge auch eine Halbierung sämtlicher lebenswichtiger Nährstoffe, nicht nur der Energie (Kalorien). Ein Nährstoffmangel wäre die Folge. Spezielle im Fachhandel oder beim Tierarzt erhältliche Reduktionsdiäten oder auch per Rationskalkulation erstellte, selbst zubereitete Diäten müssen dem Anspruch gerecht werden, weniger Energie (30–40 %) bei gleichbleibender Menge der individuellen, am Bedarf orientierten lebenswichtigen Nährstoffe zu liefern. Viele kommerzielle „Light-Diäten" bieten zudem keine ausreichende Kalorienreduktion.

Die einzelnen **Zutaten** müssen auf dem Etikett entsprechend ihrem Gewicht in absteigender Folge entweder einzeln (z. B. Huhn, Lamm, Reis) oder in Kategorien (z. B. Öle und Fette, Zerealien) angegeben werden. Beide Arten der Auflistung auf einem Etikett sind nicht zulässig. Wasser muss nicht als Zutat angegeben werden, auch wenn es während der Produktion zugegeben wird!

ZUTATEN UND NÄHRSTOFFE

Unter Zutaten verstehen wir ein „rohes oder verarbeitetes landwirtschaftliches Produkt oder eine andere Nährstoffquelle, die bei der Nahrungsherstellung verwendet wird". Beispiele sind Pute, Reis, Pflanzenöl, Soja usw. Nährstoffe hingegen definieren wir als alle für den Stoffwechsel nützlichen Produkte wie, z. B. Protein (Eiweiß), Kohlenhydrate (Zucker und Stärke), Kalzium usw. Jede Zutat setzt sich also aus unterschiedlichen Nährstoffen zusammen. Beispiel: Die Zutat „Huhn" besteht aus den Nährstoffen Fett, Protein, Kohlenhydrate usw.

Frischfleisch hat einen sehr hohen Wasseranteil (ca. 70 %) und somit ein hohes Gewicht. Ein Hersteller kann also mit Frischfleisch als Hauptfutterkomponente werben, weil dieses aus Gewichtsgründen den ersten Platz auf der Zutatenliste einnimmt! Die Tatsache, dass Frischfleisch als Hauptkomponente angegeben ist, bedeutet nicht unbedingt, dass es sich um ein hochwertiges Futtermittel handelt oder hauptsächlich aus Frischfleisch besteht!

Die **Analyse**, die auf dem Etikett eines Futtermittels erscheinen muss, schlüsselt die Zusammensetzung an Nährstoffen des kompletten Fertigfutters auf (meist bestehend aus mehreren Zutaten). Sie gibt also Aufschluss über den durchschnittlichen Nährstoffgehalt der Nahrung in Prozent. Ein direkter Vergleich zwischen Trocken- und Dosenfutter ist anhand der Analysen nicht möglich. Um diesen zu bekommen, müsste sie auf Basis der Trockensubstanz erfolgen oder besser noch auf die Energie bezogen sein (per 100 kcal ME). In den meisten EU-Ländern ist die Angabe des Energiegehaltes mit Ausnahme einiger spezieller Diätprodukte jedoch nicht gestattet.

Um Kosten, Preis-Leistungs-Verhältnis und Nährwert eines Futters zu beurteilen, spielen die Mengen der Nährstoffe eine wichtige Rolle. Für die Beurteilung der Qualität ist die Auflistung der einzelnen Zutaten hilfreicher als die Auflistung von Nährstoffkategorien. Beispiel: „Zutat Huhn“ sagt mehr über die Art und Qualität der Proteinquelle aus, als die Angabe „Fleisch und tierische Nebenerzeugnisse“. Reines Muskelfleisch hat eine erheblich bessere biologische Wertigkeit und Verdaulichkeit als bindegewebereiche Fleischteile (tierische Nebenerzeugnisse).
Angegeben werden müssen generell in g pro 100 g Futter:

- Rohprotein
- Rohfett
- Rohfaser
- Rohasche
- Wasser (Feuchte), wenn über 14 %

Die Angabe von anderen Nährstoffen ist fakultativ. Dies können beispielsweise sein:

- Zucker
- Stärke
- bestimmte Aminosäuren (Lysin, Methionin, Cystin)
- Mengenelemente wie Kalzium, Phosphor, Natrium, Kalium und Magnesium

Fleisch und Gemüse – die Mischung macht's

In Mineralfutter muss zusätzlich der Gehalt von Kalzium, Phosphor und Natrium aufgelistet sein. Stickstoffreiche Extraktstoffe (also Stärke, Zucker und andere lösliche Anteile) müssen nicht angegeben werden. Ihr Anteil lässt sich aber berechnen, indem Sie die Mengen (in %) der übrigen Komponenten addieren und von 100 % abziehen.
Das **Rohprotein** gibt lediglich den Stickstoff- und somit den Eiweißgehalt des Futters an, enthält jedoch keinerlei Informationen über die Qualität des Eiweißes. Es sagt demnach nichts über die Verdaulichkeit bzw. biologische Wertigkeit aus, also die Zusammensetzung an verschiedenen Aminosäuren.
Rohfett gibt den Gehalt aller im Futter enthaltenen Fette an. Wie für die Proteine lassen sich keine Informationen über die Qualität und Zusammensetzung, etwa den Gehalt an essenziellen Fettsäuren, aus der enthaltenen Menge ableiten. Ein Mindestgehalt von 5 % ist für die Aufnahme fettlöslicher Vitamine im Darm sowie die Deckung des Bedarfes an essenziellen Fettsäuren erforderlich.
Hinter dem Begriff **Rohfaser** verbirgt sich der Gehalt an schwer- oder unverdaulichen Pflanzenfasern. Eine gewisse Menge dient der Aufrechterhaltung der normalen Darmtätigkeit und der normalen Kotkonsistenz. Mengen über 4 % (auf die Trockensubstanz bezogen) sind nicht erwünscht (ausgenommen bestimmte Diätfutter, die der Gewichtsreduzierung dienen), da sie die Kotmenge erhöhen und die Verdaulichkeit und somit die Verwertbarkeit der Nahrung reduzieren.
Hinter dem Begriff **Rohasche** verbergen sich nicht nur lebenswichtige Mineralstoffe, sondern ebenfalls nutzloser Sand, weshalb das gelegentlich verwendete Synonym Mineralien irreführend ist. Ein bestimmter Prozentsatz an Rohasche ist unerlässlich, da diese zum Beispiel

die lebensnotwendigen Mineralstoffe Kalzium, Phosphor oder Natrium enthält. Vorsicht jedoch bei einem hohen Rohaschegehalt (über 10 % der Trockensubstanz), denn Rohasche enthält keinerlei verwertbare Energie.
Beispiele: Bei Trockenfutter mit 90 % Trockensubstanz und 7 % Rohasche beträgt der Rohasche-Anteil 7,78 % der Trockensubstanz (7/90 x 100 = 7,78 %). Bei einem Feuchtfutter mit 20 % Trockensubstanz und 3 % Rohasche beträgt der Rohasche-Anteil an der Trockensubstanz hingegen 15 % (3/20 x 100 = 15 %).
Der **Wassergehalt** gibt den Feuchtigkeitsgehalt des Futtermittels an. Eine Angabe auf dem Etikett ist nur gefordert, wenn er über 14 % liegt (bei Trockenfutter liegt er meist bei 10 bis 12 %).
Ein Feuchtigkeitsgehalt von 80 % bei einem Dosenalleinfutter bedeutet, dass nur 20 %, also 1/5 des Futtermittels, Trockensubstanz ist und tatsächlich nährenden Wert hat. Eine Differenz von nur 2 % im Feuchtigkeitsgehalt eines Dosenfutters bedeutet einen Unterschied von 10 % (!) in der Trockensubstanzmenge.

WICHTIGE FUTTERMITTEL-KOMPONENTEN

(aus „Grundlagen der Kleintierernährung“, Hill’s Pet Nutrition, Inc.)
Fleisch und **tierische Nebenerzeugnisse** bezeichnen alle frischen oder mittels geeigneter Verfahren haltbar gemachten Fleischteile geschlachteter warmblütiger Landtiere sowie alle Erzeugnisse und Nebenerzeugnisse aus der Verarbeitung von Tierkörpern oder Teilen von Tierkörpern warmblütiger Landtiere.
Fisch und **Fischnebenerzeugnisse** sind frische oder durch geeignete Verfahren haltbar gemachte Fische oder Fischteile oder die entsprechenden Nebenerzeugnisse aus ihrer Verarbeitung.
Milch und **Molkereierzeugnisse** sind alle frischen oder mittels geeigneter Verfahren haltbar gemachten Milcherzeugnisse sowie die Nebenerzeugnisse aus deren Verarbeitung.
Eier und **Eiererzeugnisse** sind alle frischen oder mittels entsprechender Verfahren haltbar gemachten Eiererzeugnisse sowie die Nebenerzeugnisse aus ihrer Verarbeitung.
Getreide oder **Zerealien** beinhalten alle Arten von Getreide, unabhängig von ihrer Aufmachung, sowie alle Erzeugnisse aus der Verarbeitung des Mehlkörpers.
Öle und **Fette** beinhalten alle tierischen sowie alle pflanzlichen Öle und Fette.
Gemüse bezeichnet alle Arten von frischem oder durch geeignete Verfahren haltbar gemachtem Gemüse und Hülsenfrüchten.
Pflanzliche Nebenerzeugnisse beinhalten alle Nebenerzeugnisse aus der Aufbereitung pflanzlicher Erzeugnisse, insbesondere Getreide, Gemüse, Hülsen- und Ölfrüchte.

Viele Hunde lieben Abwechslung im Napf.

Sichtbare Futterbestandteile im Dosenfutter

Pflanzliche Eiweißextrakte bezeichnen alle Erzeugnisse pflanzlichen Ursprungs, deren Proteine mittels geeigneter Verfahren auf mindestens 50 % Rohprotein, bezogen auf die Trockenmasse, angereichert sind und umstrukturiert (texturiert) sein können.
Bäckereierzeugnisse beinhalten sämtliche aus der Herstellung von Backwaren resultierenden Erzeugnisse, insbesondere Brot, Kuchen, Kekse und Teigwaren.

Zu den **Zusatzstoffen** gehören laut EU-Richtlinien auch Vitamine und Spurenelemente. Es handelt sich um Substanzen, die dem Futter zugesetzt werden, damit dieses in der Zusammensetzung ausgeglichen (und somit vollwertig) wird, sowie um ihm bestimmte Eigenschaften zu verleihen, wie Farbe, Aroma, Stabilität, Konsistenz und Haltbarkeit. Es dürfen ausschließlich amtlich zugelassene Stoffe der Nahrung zugesetzt werden, die vor ihrer Zulassung auf ihre Verträglichkeit geprüft wurden. Hierzu zählen entgegen weitläufig verbreiteter Meinung keine Hormone oder Antibiotika! Bis zum gegenwärtigen Zeitpunkt liegen keine Studien vor, die auf eine Verursachung von Erkrankungen durch die Verwendung von Zusatzstoffen hinweisen, obwohl in Einzelfällen Unverträglichkeitsreaktionen möglich sind.

Folgende dem Futter zugefügte Substanzen müssen auf dem Etikett angegeben werden:
— fettlösliche Vitamine A, D und E
— Kupfer
— Konservierungsmittel
— Antioxidantien
— Farbstoffe.

Vitamine werden dem Futter zugesetzt, um den Vitaminverlust auszugleichen, zu dem es während der Herstellung zwangsläufig kommt. Die fettlöslichen Vitamine A, D und E müssen nur dann angegeben werden, wenn sie zugesetzt werden (in IE oder mg pro kg). Enthält eine Zutat bereits eine ausreichende Menge eines Vitamins (z. B. Vitamin A in Leber), so bedarf es keiner entsprechenden Angabe.
Kupfer muss ebenfalls angegeben werden, wenn es dem Futter zugesetzt wird.
Mineralstoffe und **Aminosäuren** gelten nach bestehendem Recht nicht als Zusatzstoffe, sondern als Einzelfuttermittel.
Konservierungsmittel werden als Substanzen definiert, welche der Nahrung hinzugefügt werden, um diese vor Verderben, Verfärbung und Schlechtwerden unter normalen Lagerungs- und Verwendungsbedingungen zu schützen bzw. diese Prozesse hinauszuzögern. Sie schützen gegen Befall mit Schimmelpilzen und bakterielle Zersetzung des Produktes.
Antioxidantien schützen im Trockenfutter vor Oxidation von Fetten. Im Dosenfutter sind sie nicht erforderlich, da das während des Abfüllungsprozesses entstehende Vakuum eine Oxidation verhindert. Einige Hersteller fügen aber auch dem Dosenfutter biologische Antioxidantien zu, um oxidative Zellschäden zu verhindern.
Farbstoffe sind natürliche oder synthetische Substanzen, die dem Tierfutter hinzugefügt werden, um diesem eine bestimmte Farbe zu verleihen (und die Attraktivität zu verbessern) oder auch eine Verfärbung zu unterbinden. Da Hunde fast farbenblind sind und auch ein Umdenken bei den Tierhaltern stattfindet, nimmt ihr Gebrauch stark ab.

ANGABEN AUF DER VERPACKUNG

— Keine zusätzlichen Antioxidantien oder Konservierungsmittel: Der Hersteller hat keine hinzugefügt, trotzdem können sie in den Rohstoffen vorhanden sein.
— Nur natürliche Antioxidantien: Auch die Rohstoffe sind frei von jeglichen künstlichen Antioxidantien.
— Haltbarkeitsdatum mit Tag (fakultativ), Monat und Jahr („haltbar bis ...“). Dabei handelt es sich lediglich um die vom Hersteller garantierte Mindesthaltbarkeit.
— Nettogewicht und Chargennummer.
— Die Registriernummer: Alle Pflanzen, die Zusatzstoffe produzieren, Vormischungen und Tierfutter müssen eine Zulassungs- oder Eintragenummer als Bestandteil der gesetzlichen Erklärung haben, die auch auf dem Etikett einer jeden Dose zu erscheinen hat.
— Aromastoffe sowie appetitanregende Stoffe können zugesetzt und müssen angegeben werden. Diese Substanzgruppe beinhaltet alle Stoffe, von denen die entsprechende Wirkung ausgeht, und können natürliche oder auch synthetische (künstliche) Stoffe sein. Zu den Ersten gehören Gewürze aller Art (Fenchel, Vanillin, Anis etc.) sowie Spaltprodukte von Eiweißen (z. B. von Fleisch). Dass Hunde nach ihnen süchtig werden, gilt als nicht erwiesen.
— Ebenfalls dem Futter zugegeben werden dürfen Säureregulatoren (hauptsächlich bei bestimmten Diätfuttermitteln), Emulgatoren, Stabilisatoren, Verdickungs- und Geliermittel, Bindemittel, Fließhilfsstoffe sowie Gerinnungshilfsstoffe. Für diese Stoffe besteht keine Beschränkung auf eine Höchstmenge. Ausgenommen hiervon ist Pentanatriumtriphosphat.

DAS HAUPTINFORMATIONSFELD

Hier wird für das Produkt geworben und es gelten nur die generell für Werbung erhobenen Vorschriften. Die Aussagen auf den Verpackungen dürfen jedoch nicht irreführend sein und der Hersteller muss in der Lage sein, gemachte Aussagen zu belegen. Der Käufer kann jedoch schnell in die Irre geführt werden, beispielsweise wenn mit Slogans wie „Mit Lamm als Hauptzutat“ geworben wird. Diese Aussage bedeutet nämlich nicht, dass Lamm die einzige Fleischsorte oder Proteinquelle darstellt. Es lässt sich leicht erahnen, dass man die Zutatenliste derart gestalten kann, dass eine vermeintlich „hochwertige“, da „hypoallergene“ oder biologisch hochwertige Zutat (hier Fleischsorte) den Hauptbestandteil des Futtermittels darstellt. Davon abgesehen, dass der Hund keine Nahrung benötigt, die hauptsächlich aus Muskelfleisch besteht (er ist biologisch ein Allesfresser und kein reiner Fleischfresser), sagt diese Bezeichnung nichts darüber aus, wie viele und welche anderen Fleischsorten oder Zutaten im entsprechenden Futter enthalten sind.
Die „Verbote zum Schutz vor Täuschung und Irreführung und Verbot der krankheitsbezogenen Werbung“ (§§ 19,20 LFGB) regeln, dass auf den Produkten keine Aussagen getroffen werden dürfen, die sich auf die Beseitigung, Linderung oder Verhütung von Krankheiten beziehen, die nicht eine Folge mangelhafter Ernährung sind. Dies gilt selbstverständlich nicht für medizinische Diätfutter. Aussagen wie „hilft bei Herzkrankheiten“ sind demnach verboten.
Wird doch ein so genannter „health claim“ vom Hersteller getroffen, so muss dieser den Nutzen wissenschaftlich belegen.

MEDIZINISCHE SPEZIALDIÄTEN

Hier gelten einige gesonderte Regelungen bezüglich der Kennzeichnung des Produktes. Die EU-Kommission hat für diese Futtermittel bestimmt, dass die Anwendungsdauer beschränkt wird. Dies geschieht durch den Zusatz „Empfohlene Anwendungsdauer: bis zu 6 Monaten“ sowie „Vor der Verwendung oder verlängerten Anwendungsdauer wird empfohlen, dass Sie sich von einem Tierarzt beraten lassen“. Diese Hinweise sind wichtig, weil spezielle, medizinische Diäten nicht für jedes Individuum, sondern nur bei bestimmten Erkrankungen einzusetzen sind.

VERGLEICH VON FUTTERMITTELN

Um Preisvergleiche bei Fertigfuttermitteln anstellen zu können, sollten die Kosten pro Energieeinheit (etwa pro 1 MJ oder pro 1000 kJ) oder pro Tag errechnet und verglichen werden. Die Kosten je Einheit Energie liegen bei etwa dem Dreifachen, vergleicht man Feucht- mit Trockenfutter.
Die Verdaulichkeit eines Futters kann vom Tierhalter nicht direkt beurteilt werden. Allerdings kann die innerhalb eines Tages produzierte Kotmenge unter Umständen nützliche Hinweise liefern. Zu 55 bis 75 % besteht Kot aus Wasser, daher muss zusätzlich zur Gesamtmenge auch die Feuchtigkeit mit beurteilt werden.

AUGEN AUF BEIM KAUF

- Die Packungsgröße sollte der Größe des Hundes angemessen sein. Dosen müssen innerhalb von zwei Tagen verbraucht werden. Trockenfutter sollte nach Anbruch grundsätzlich kühl und trocken gelagert und gut verschlossen aufbewahrt werden. Besonders bei feuchter Lagerung können Schimmelpilze und die sich von diesen ernährenden Vorrats- oder Futtermilben (Allergie auslösend) das Futter befallen. Das Futter ist bei entsprechender Lagerung nach Anbruch innerhalb von zwei, maximal vier Wochen aufzubrauchen.
- Die Verpackungen sollten intakt sein, alle gesetzlich vorgeschriebenen Informationen einschließlich der Mindesthaltbarkeit auf der Außenseite enthalten, keinerlei Korrosionen, Rostflecke oder ähnliche Schäden aufweisen, die Hinweise auf unsachgemäße Lagerung darstellen können.

- Die Aufblähung von Deckel oder Boden von Dosen deutet auf Gasbildung aufgrund von bakteriellen Gärungs- und Verderbnisvorgängen hin.
- Nach dem Öffnen sollte das Futter eine normale Konsistenz, Farbe und Geruch aufweisen (Abweichungen: faulig, muffig, säuerlich, ranzig) und keine Fremdkörper enthalten.
- Farbstoffe können zu missverständlichen Interpretationen führen. So steht eine rötliche Färbung nicht unbedingt für einen hohen Fleischanteil.
- Lagerungs- oder produktionsbedingt kann es zum Absetzen von Fett oder Wasser kommen, was im ersten Fall nicht zwangsläufig für einen hohen Fettanteil spricht, im zweiten nicht für einen hohen Wasseranteil.
- Achten Sie auf Defekte an den Ecken von Futtersäcken, die auf Schädlingsbefall hindeuten können. Fettränder können auf ungenügende Verpackung oder zu hohe Fettmengen oder auf das Vorhandensein ranzigen Fettes hindeuten. In Flockenfutter müssen die Komponenten gut identifizierbar sein. Sie dürfen nicht verklebt erscheinen.

VOR- UND NACHTEILE VON ALLEINFUTTER

Besonders für den berufstätigen Hundehalter stellt die Verwendung kommerzieller Alleinfuttermittel einen deutlichen Zeitvorteil dar. Diese sind einfach zu handhaben, ausgewogen und komplett in der Nährstoffzusammensetzung. Einige Studien wollen gezeigt haben, dass Hunde, die ausschließlich mit Alleinfutter von gleichbleibender Qualität ernährt wurden, keine gesundheitlichen Nachteile oder Beeinträchtigungen aufwiesen. Ohne ihre Seriosität in Frage stellen zu wollen: dass derartige Studien auch Parameter wie z. B. Lebensqualität berücksichtigen können, ist jedoch zu bezweifeln.
Gängige, von verschiedenen Stiftungen durchgeführte Bewertungen beziehen sich in der Regel auf einen ausreichenden Nährstoffgehalt und die optimale Ausgewogenheit der in den Futtermitteln enthaltenen Nährstoffe. Geruch, Konsistenz etc. werden in der Regel ebenfalls mit einbezogen. Kriterien wie Qualität, Verarbeitung, Lagerung der enthaltenen Zutaten/Rohstoffe jedoch entziehen sich teilweise den Beurteilungsmöglichkeiten. Und Vorsicht, auch der Preis kann eine Rolle spielen und die „Endnote" nach unten ziehen. Dabei ist ein höherer Preis für gute Qualität (der Rohstoffe) unter Umständen durchaus berechtigt und darf meiner Meinung nach nicht zwangsläufig zu einer schlechteren Gesamtbeurteilung führen.
All dies bedeutet jedoch nicht, dass derartige Tests ungeeignet oder schlecht wären, zeigen sie doch oftmals gravierende Mängel in der Nährstoffzusammensetzung einiger Futtermittel auf.

FEUCHTFUTTER

Feuchtalleinfutter ist oftmals schmackhafter, bietet jedoch weniger Knabberspaß, den einige Hunde vorziehen.
Generell enthält Feuchtfutter tendenziell mehr Fleisch (Eiweiß), Fleischnebenprodukte und damit einen vergleichsweise höheren Anteil an Protein, Phosphor und Natrium. Der Fettgehalt ist ebenfalls höher.
Fleisch, tierische Nebenprodukte, Molkereiprodukte, Trockenei oder Fisch gehören ebenso wie pflanzliche Eiweiße (Soja, Maiskleiber) zu den Zutaten. Hinzu kommen stärkehaltige Getreideprodukte wie Reis, Mais oder auch Zucker sowie Öle und Fette, Bierhefe und faserreiche Substanzen wie Rübenmark.

Verträglichkeit Es gibt einige Hinweise darauf, dass große und Riesenrassen, die bezogen auf das Körpergewicht im Vergleich zu kleinen Rassen einen kürzeren Darmtrakt haben, Trockenfutter besser vertragen als Feuchtfutter. Dies mag darauf zurückzuführen sein, dass bei den großen Rassen Feuchtfutter schneller zu feuchterem Kot und Gasbildung im Darm führt. Labrador und Dogge scheinen hier anfälliger als z. B. der Irish Wolfhound. Für andere Rassen liegen keine Informationen vor. Bei empfindlichen Rassen bzw. Individuen sollte daher auf Trockenfutter zurückgegriffen werden und im Einzelfall genau auf die Verdauung (Kotbeschaffenheit, Kotabsatzfrequenz, Blähungen etc.) geachtet und die Futterwahl gegebenenfalls danach getroffen werden. Eine Faustregel für jede Rasse/jeden Hund gibt es ebenso wenig wie das „ideale" Futter für jeden Hund.
Wassergehalt Feuchtfutter haben einen hohen Wasseranteil (zwischen 60 bis über 87 %). Dies bedeutet, dass sie auf Originalsubstanzbasis eine geringe Kaloriendichte enthalten. Diese beträgt 0,7–1,4 kcal (2,93–5,86 kJ) umsetzbare Energie pro Gramm Futter. Durch die geringe Energiedichte und die damit verbundenen höheren Verpackungs- und Transportkosten ist die Verwendung von Feuchtfutter die teuerste Fütterungsmethode bei Fertigfutter.
Eiweißgehalt Viele kommerzielle Feuchtalleinfutter weisen zu hohe Eiweißgehalte auf. Werte über 9 % sind keinesfalls gerechtfertigt oder können sogar gesundheitliche Risiken bergen, indem sie den Verdauungstrakt, aber auch Nieren und Leber übermäßig belasten, was vor allem bei Erkrankungen der entsprechenden Organe eine Gefahr darstellen kann. Besonders bei älteren Hunden sollte daher auf Futter mit zu hohem Eiweißgehalt verzichtet werden. Sogenannte Seniorfutter sollten dem Rechenschaft tragen!
Verdaulichkeit Sie beträgt oftmals bis zu 90 %. Der Rohfasergehalt sollte sich um 0,4 % bewegen, lediglich bei Light-Produkten sind höhere Werte (bis 2 %) gerechtfertigt.
Nährstoffstabilität Sie ist bei Feuchtfutter hoch und die Mindesthaltbarkeit beträgt in der Regel wenigstens 18 Monate.

TROCKENFUTTER

Es wird allgemein angenommen, dass Hunde, die überwiegend Trockenfutter bekommen, in geringerem Maße zu Zahnsteinbildung und daraus resultierenden Zahn- und Zahnfleischerkrankungen neigen. Eine Studie an Pudeln mit Periodontitis (Zahnwurzelhautentzündung) konnte dies jedoch nicht bestätigen. Dies mag damit zusammenhängen, dass Hunde eher schlingen und auch auf Trockenfutterpellets in der Regel nicht längere Zeit herumkauen, was den vermeintlichen „Abriebeffekt" ausmachen soll. Anders verhält es sich vermutlich bei größeren Kauartikeln oder Knochen.
Wassergehalt Er variiert bei Trockenfutter zwischen 10 und 12 %. Es kann daher eine Energiedichte von 2,7 bis zu mehr als 7,1 kcal (11,3–29,7 kJ) umsetzbarer Energie pro Gramm Futter enthalten. Somit liegen die Kosten je Einheit Energie im Trockenfutter bei einem Drittel, verglichen mit Feuchtfutter. Verpackung und Transport sind ebenfalls kostengünstiger, da kein zusätzliches Wasser transportiert werden muss. Die Darreichungsformen reichen von Flockenmischungen über Pellets bis hin zu Kroketten.
Eiweiß- und Fettgehalt Trockenfutter enthalten im Vergleich zu Feuchtfutter durchschnittlich weniger Protein und Fett (und Mineralstoffe) in der Trockensubstanz. Die Grundlage bilden Getreide, hier besonders Mais und Reis, Hafer und Weizen. Durch Wärmebehandlung bekommen die Getreidestärken eine gute Verdaulichkeit. Als Eiweißlieferanten dienen Fleisch und tierische Nebenprodukte, Molkereiprodukte, Hühnereier, Fischmehl und pflanzliche Eiweißextrakte (von Sojabohnen oder auch Sonnenblumen oder Leinsamen). Enthaltene Fette sind sowohl tierischer als auch pflanzlicher Herkunft

Die Bestandteile dürfen nicht „kleben".

Unterschiedliche Farben und Formen bei Trockenfutter

Verschiedene Zutaten für selbst zubereitetes Futter

(Öle oder fetthaltige Samen). In kleineren Mengen finden sich auch Gemüse, Bierhefe, Rübenmark, Zucker, Mineralstoffe, Vitamine und Zusatzstoffe.

Verdaulichkeit Trockenfutter zeichnet sich durch eine Verdaulichkeit zwischen 85 und 90 % aus. Werte unter 80 % deuten auf minderwertiges Futter hin.

HALBFEUCHTE UND WEICHE TROCKENFUTTER

Halbfeuchtfutter haben einen Wassergehalt von 17–20 %. Sie enthalten Wasser bindende und leichte Säuerungsmittel zur Kontrolle des Wassergehaltes und zur Verhinderung von Schimmelbildung. Die gewonnene Masse lässt sich zu Ringen, strangförmigen Produkten oder zäh-elastischen Würfeln usw. formen. Oftmals enthalten sie auch Fleischmehl und Aromastoffe. Sie schmecken süß und saftig. Aufgrund ihres hohen Zuckergehaltes (Glukosesirup) von 5–10 % eignen sie sich nicht für Tiere mit Diabetes Mellitus (Zuckerkrankheit) sowie übergewichtige Tiere. Zu den Zutaten zählen grundsätzlich jene, die bei den Trockenfuttern zum Einsatz kommen. Eine häufig verwendete Eiweißquelle ist hier Soja.

BILLIGFUTTERMITTEL

Einmal abgesehen von der Qualität der Zutaten, den Verarbeitungs-, Lagerungs- und Transportbedingungen von Zutaten und Futter, die nur in sehr begrenztem Maß überprüfbar sind, lohnt sich der Vergleich der Kosten pro Kalorie, Tag oder Jahr. Scheinbar billige Futtermittel sind oftmals kaum günstiger. Besonders bei Feuchtfutter sollte der Wassergehalt unter die Lupe genommen werden. Ein paar Prozent Wassergehalt können bereits erhebliche Unterschiede ausmachen. Die Berechnung des Preises pro Kalorie kann sehr aufschlussreich sein!

Ein Vorteil selbst zubereiteter Rationen besteht in der Kontrolle über die verwendeten Rohstoffe.

SELBST ZUBEREITETES FUTTER

VERSCHIEDENE FÜTTERUNGSMETHODEN

Grundsätzlich existieren heute verschiedene „Fütterungsphilosophien" und -arten. Bei der **Rohfütterung** (BARF, aus dem englischsprachigen von „bone and raw food", eher unkorrekt oft mit „biologisch artgerechter Rohfütterung" übersetzt) werden alle Zutaten ausschließlich roh verfüttert. Da Stärke nur hitzebehandelt vom Hund aufgeschlüsselt und verdaut werden kann, enthalten derartige Rationen in der Regel keine primär stärkehaltigen Nahrungsmittel wie Kartoffeln, Reis, Teigwahren oder Getreide und ebenfalls keine Hülsenfrüchte wie Linsen oder Erbsen etc. Als Kalziumquelle werden hier meist Knochen verwendet. Abgesehen von einigen Risiken (siehe S. 94) handelt es sich sicherlich um eine ausgesprochen schmackhafte, gesunde und ausgewogene Ernährungsmethode, in deren Rationen abgesehen von einigen wenigen Nährstoffen (z. B. Jod, wenn kein Seefisch oder Salzwasseralgen gefüttert werden) bei einer korrekten Kalkulation wenig fehlt. Besonders Vitamine sind hitzeinstabil, gehen also zu einem nicht unerheblichen Teil beim Kochen/Dünsten verloren, sodass ungekochte Rationen in der Regel einen entsprechend höheren Gehalt aufweisen. Für die Mineralstoffe gilt dies kaum. Auch Eiweiße verändern durch Kochen ihre Struktur. Dies kann erklären, dass einige Individuen dieselbe Fleischsorte nur gekocht, andere hingegen unter Umständen nur roh vertragen. Auch einige Nahrungsmittelallergene sind übrigens interessanterweise hitzeinstabil. Ausführliches zum Thema BARF siehe S. 92.

Die zweite Fütterungsmethode oder „Philosophie" basiert auf der Einstellung, dass die Kontrolle über die Qualität, Frische, Art und Herkunft verwendeter Zutaten ausschließlich bei selbst zubereiteten Rationen besteht (dies gilt ebenso für BARF). Hier finden jedoch auch gekochte Zutaten Verwendung, auf die Fütterung von Knochen und rohen Zutaten

wird aus verschiedenen Gründen (Risiken) meist verzichtet. Bei dieser Fütterungsart (**„cooking“**) finden in der Regel verschiedene Fleisch- oder Fischsorten, Milchprodukte wie Quark, Hüttenkäse, Yoghurt etc., Eier, Öle, Hülsenfrüchte (Letztere müssen ebenfalls gekocht sein) sowie Reis, Kartoffeln, Teigwahren, Getreide etc. Verwendung. Als Kalziumquelle kann beispielsweise auf Algen- oder Muschelkalk sowie Knochenmehl oder Eierschalen oder spezielle Kombiergänzungsprodukte zurückgegriffen werden.
Schließlich gibt es diejenigen Hundehalter, die das Ganze etwas weniger „streng“ sehen und ganz einfach verschiedene Futtermittel und Zutaten (kommerziell, selbst zubereitet, BARF, Gekochtes etc.) miteinander kombinieren.
Zunehmend besteht bei einigen Hundehaltern der aus menschlicher Sicht durchaus nachvollziehbare Wunsch nach **vegetarischer** oder gar **veganer Ernährung** (keinerlei tierische Zutaten) ihrer Hunde. Während eine fleischlose, also „vegetarische“ Fütterung theoretisch möglich und bei einigen Erkrankungen wie z. B. Nierenerkrankungen sogar hilfreich ist (besonders wenn Milchprodukte, Fisch, Eier etc. Verwendung finden), halten bislang „vegane“ Rationen professionellen Rationsüberprüfungen nicht oder kaum stand. Man sollte sich zudem fragen, ob es sinnvoll ist, einen Fleisch- und Allesfresser, der unter anderem über einen eigenen Geschmackssinn für Fleischaroma („Umami“) verfügt (zusätzlich zu den vier Geschmacksrezeptoren des Menschen verfügt der Hund über einen fünften für das Schmecken von Fleischaroma), vegetarisch oder gar vegan zu ernähren. Ich gebe stets, und ohne jemandem zu nahe treten zu wollen, zu bedenken, dass wir für uns selbst die freie Wahl haben, die unser Hund nicht hat, und wage zu behaupten, dass Fressen auch ein Stück Lebensqualität für den Hund darstellt. Übernehmen wir doch bei der Anschaffung eines Haustieres auch die Verantwortung, für eben diese Lebensqualität und eine wenigstens annähernd „artgerechte“ Ernährung über die bloße Nährstoffversorgung hinaus zu sorgen.
Für jede der genannten Methoden besteht die Möglichkeit, mithilfe speziell entwickelter Vitamin-Mineral-Ergänzungsprodukte alle lebenswichtigen Nährstoffe zu komplettieren und so vollwertige Rationen anzubieten (siehe Adressen, S. 124).

EMPFEHLUNGEN FÜR RATIONEN

Mit einigen erforderlichen Grundkenntnissen über die Zusammensetzung von Nahrungsmitteln kann man seinen Hund auf durchaus ausgewogene und gesunde Art selbst ernähren.

Folgende fünf Futtermittelgruppen sollten in der Rezeptur enthalten sein:

- Eine Kohlenhydrat- und Rohfaserquelle aus gekochten Getreidekörnern, Kartoffeln, Reis oder Nudeln,
- mindestens eine Proteinquelle tierischer Herkunft (weitere Proteinquellen können gerne auch pflanzlicher Natur sein),
- eine, besser mehrere verschiedene Fettquellen,
- eine Mineralstoffquelle, besonders eine Kalziumquelle,
- eine Vitamin- und Spurenelementquelle.

Mit einer solchen Rezeptur ist der erste Schritt in Richtung Ausgewogenheit getan. Die Berechnung der korrekten Nährstoffgehalte im Einzelnen ist jedoch sehr aufwendig. Beherrscht man die entsprechenden Grundlagen und den Umgang mit bestimmten Computerprogrammen und/oder Nährstofftabellen, ist eine entsprechende Kalkulation dennoch machbar. Spezialisten und fachkundige Ernährungsberater verfügen über spezielle Rationskalkulationsprogramme, mit deren Hilfe ausgewogene und gesunde Rationen individuell erstellt werden können.

KOHLENHYDRATQUELLE

Als Quellen für Kohlenhydrate (Stärke) eignen sich gekochter Reis, Mais, Weizen, Kartoffeln oder auch Teigwaren aus Hartweizengrieß. Die angeführten Getreidearten weisen einen ähnlichen Kaloriengehalt auf, unterscheiden sich jedoch teilweise in ihrer Zusammensetzung bezogen auf Protein, Faserstoffe (Rohfaser) oder Fette. Wird ein höherer Proteingehalt in der Ration angestrebt, kann beispielsweise eine Getreidesorte wie Mais durch Sojabohnen ersetzt werden.
Der Fasergehalt kann durch das Beimischen von gekochten Erbsen oder Speisekleie erhöht werden.

EIWEISSQUELLE

Tierische Skelettmuskeln (Muskelfleisch) ähneln einander stark im Aminosäure-Profil und sind somit von hoher Verdaulichkeit und biologischer Wertigkeit. Wenn Ihr Hund nicht an einer Futtermittelunverträglichkeit oder -allergie (siehe S. 110) leidet, sind die tierischen Eiweiß- bzw. Fleischquellen beliebig untereinander austauschbar.
Leber kann ebenfalls gefüttert werden, wobei sie entweder einmal pro Woche die gesamte Fleischration ersetzen oder bei Langzeitverwendung einen kleinen Teil des Fleischanteiles ausmachen darf. Die Vorteile von Leber liegen in einer Verbesserung des Aminosäure-Profils von Muskelfleisch oder Gemüse. Darüber hinaus enthält sie essenzielle Fettsäuren, Cholesterin, Vitamine (besonders A, B12, Folsäure u.a.) und wichtige Spurenelemente (z. B. Kupfer, Eisen, Zink).
Unter den vegetarischen Eiweißquellen stellt Ei-Eiweiß die beste Proteinquelle dar, falls auf Fleisch und Fleischprodukte verzichtet werden soll. Sojaprotein besitzt unter den pflanzlichen Eiweißen die höchste biologische Wertigkeit.

RICHTIGE ZUSAMMENSTELLUNG

Bezogen auf die Trockensubstanz einer Ration sollten 50–60 % Stärke und 18 % Zucker nicht überschritten werden, da es sonst zu Verdauungsstörungen kommen kann.
Kohlenhydrate und Proteine sollten im Verhältnis 2 : 1 bis 3 : 1 stehen.
Der Fleischanteil sollte 25–30 % nicht überschreiten.

FETTQUELLE

Der Fettgehalt variiert zwischen verschiedenen Fleischstücken erheblich. Bei einer sehr fettarmen Proteinquelle ist es ratsam, diese in der Ration durch eine zusätzliche Fettquelle zu ergänzen, um eine ausreichende Energiedichte sowie einen ausreichenden Gehalt an essenziellen Fettsäuren sicherzustellen.
Der Fettgehalt bei Rinderhackfleisch variiert zwischen 10 und über 20 %, je nachdem, ob es sich um extra mageres, mageres oder durchschnittliches Fleisch handelt. In der Gesamtration sollte der Fettgehalt mindestens 2 % ausmachen.
Wie bereits erwähnt, sind Hunde hervorragende Fettverdauer und -verwerter, sodass kaum zu viel Fett gefüttert werden kann. Von Nachteil ist eher der hohe Brennwert von Fett, weshalb zu hohe Fettanteile über einen längeren Zeitraum zu einer Überfettung des Hundes führen können.
Als zusätzliche Nahrungsfette eignen sich sowohl tierische Fette (gekochtes Rinderfett, Hühnerfett oder Hühnerhaut) als auch Fischöle (z. B. Lachs, Thunfisch, Makrele, Sardinen) oder pflanzliche Öle (vorzugsweise kalt gepresst, damit die Qualität erhalten bleibt) wie Leinöl (hoher Gehalt an aplha-Linolensäure), Nachtkerzen- oder Hanföl, Weizenkeimöl, Maisöl, Olivenöl, Distelöl u.a.
Fischöl ist der König unter den Omega-3-Lieferanten (DHA, EPA), Nachtkerzenöl, ebenso wie das unter Umständen günstigere Distelöl, hingegen zeichnet sich durch einen hohen Gehalt an Omega-6-FS (Linolsäure) aus. Keimöle liefern u.a. wertvolles Vitamin E.

VEGANE HUNDEERNÄHRUNG

Eine rein vegane Ernährung des Hundes ist nicht zu empfehlen. Sojamehl ist zwar von allen pflanzlichen Eiweißquellen eine sehr hochwertige, jedoch ist sie als ausschließliche Proteinquelle absolut ungeeignet, da ihr Aminosäure-Profil im Vergleich zu tierischen Eiweißquellen unvollständig ist.

KALZIUM UND WEITERE MINERALSTOFFE

Im Hinblick auf die Versorgung mit Mineralstoffen ist hausgemachtes Futter meist unausgewogen. Besonders Kalzium ist oft in ungenügender Menge enthalten. Ein weit verbreiteter Irrglaube ist, dass es genüge, Quark, Hüttenkäse, Milch oder Käse zu füttern, um den niedrigen Kalziumgehalt auszugleichen. Darüber hinaus führt häufig die Verwendung zu großer Mengen an Fleisch zu einem hohen Phosphatgehalt. Besonders im letzten Fall kann durch Zugabe von Kalziumkarbonat (2 g pro 15 kg Hund und Tag), das meist in Apotheken und Reformhäusern erhältlich ist, ausgeglichen werden. Es enthält 40 % Kalzium und weniger als 1 % Phosphat. Auch Algen- oder Muschelkalk erfüllt ähnliche Voraussetzungen.

Ist der Gesamtproteingehalt gering, kann eine Ergänzung von sowohl Kalzium als auch Phosphat erforderlich sein. Zu diesem Zweck eignen sich dampfautoklaviertes Knochenmehl, Dikalziumphosphat und einige Mineralergänzungsfutter.

Für diejenigen, die es natürlich mögen: Eierschalen stellen ebenfalls einen guten Kalziumlieferanten dar. 1 Teelöffel geriebene Eierschalen (ca. 5 g) liefert knapp 2 g Kalzium. Auf 100 g Fleisch können als Ergänzung 2–3 Messerspitzen geriebener Eierschalen gegeben werden. (Besser ist es, die Menge am Bedarf orientiert berechnen zu lassen.)

Wie bereits erwähnt, sollte beim ausgewachsenen und gesunden Hund das Kalzium-Phosphat-Verhältnis 2 : 1 nicht überschreiten. Ideal ist ein Verhältnis von 1,3 : 1.

Mineralstoffe müssen exakt dosiert werden.

VITAMINE UND ANDERE NÄHRSTOFFE

Dem Hundehalter stehen eine Fülle von Vitamin- und Mineralstoffergänzungsfutter zur Verfügung. Über deren Notwendigkeit bei einer Ernährung mit ausschließlich oder überwiegend selbst zubereitetem Futter sollte man sich gegebenenfalls mit dem Haustierarzt oder einem spezialisierten Tierarzt beraten.

MEERESALGEN

Eine optimale Kalziumergänzung ist Algenkalk aus der Meeresalge Lithothanium calcareum. Er enthält Kalzium von hoher Bioverfügbarkeit, das Verhältnis von Kalzium zu Phosphor beträgt ca. 420 : 1.

FEHLER BEI HAUSGEMACHTEN RATIONEN

Einer der Hauptfehler, die bei der Zubereitung von Hundefutterrationen gemacht werden, basiert auf der Annahme, der Hund sei ein reiner Fleischfresser. Die meisten selbst hergestellten Futterrationen enthalten daher zu viel Protein bei zu wenig Kalorien, Kalzium und Spurenelementen.

Die meisten verwendeten Fleisch- und Kohlenhydratquellen enthalten zu viel Phosphat. Dies hat ein umgekehrtes Kalzium-/Phosphor-Verhältnis zur Folge (teilweise über 1 : 10; ideal ist 1,3 : 1). Die exzessiven Fleischmengen führen zu einem stark erhöhten Eiweißgehalt in der Futterration. Besonders bei älteren, aber auch bei Tieren mit eingeschränkter Nierentätigkeit kann dies gefährliche Folgen haben. So kann sich eine beginnende (evtl. noch nicht klinisch sichtbare) Niereninsuffizienz verschlechtern.

Eine der wichtigsten Regeln lautet daher: Füttern Sie nie zu viel Fleisch!

Ein weiterer, oftmals gravierender Fehler besteht im Verzicht auf Vitamin-Mineralstoff-Mischungen als Ergänzung der selbst zubereiteten Rationen. Damit läuft der Hundehalter Gefahr, eine im Hinblick auf wichtige Nährstoffe erforderliche Ausgewogenheit der Ration nicht zu erreichen beziehungsweise ein vorhandenes Ungleichgewicht nicht auszugleichen.

Muskelfleisch enthält, abgesehen von z. B. Eiweiß, Eisen, Phosphor, von vielen anderen wichtigen Nährstoffen deutlich zu wenig. Wer

Hausgemachte Futterrationen sind in der Regel äußerst schmackhaft.

Da kann es so mancher kaum erwarten.

glaubt, Rationen aus Muskelfleisch, etwas Gemüse und einem Schuss Öl stellen eine komplette Futterration oder etwa eine komplette BARF-Ration dar, begeht langfristig einen fatalen und folgeschweren Fehler! In ausgewogenen Barfrationen sollten neben Fleisch Zutaten wie Fisch, Leber und andere Organe, Knochen oder Knochenmehl, Eierschalen, Lebertran, Sonnenblumenkerne und/oder Nüsse, verschiedene (am besten nach dem Rotationsprinzip) tierische (Fischöl) und pflanzliche Öle (z. B. Leinöl, Nachtkerzenöl, Keimöle usw.) nicht fehlen.
Und selbst bei derartigen Rationen ist eine Ergänzung einiger Spurenelemente und Vitamine praktisch unverzichtbar. Natürlich ist eine Ergänzung eines jeden einzelnen Nährstoffes auch auf „natürliche" Weise machbar. Doch enthalten natürliche Rohstoffe verschiedene Nährstoffe, sodass die Erhöhung der Menge einer Zutat auch eine erhöhte Zufuhr anderer Nährstoffe und in vielen Fällen auch der Energiemenge zur Folge haben kann. Aus diesem Grund ist eine Ergänzung mit speziell hergestellten Präparaten sinnvoll, um die Ration ausgewogen zu gestalten.

BEI DER HERSTELLUNG BEACHTEN

Fleisch und Eier sollten grundsätzlich gekocht verfüttert werden, will man möglicherweise enthaltene Keime abtöten. Alle tierischen Zutaten sollten mindestens 10 Minuten bei 82 °C gekocht werden. Pflanzliche Zutaten (Gemüse) sollten grundsätzlich gründlich gewaschen, evtl. auch gekocht oder gedünstet werden (ausgenommen BARF-Rationen). Bei längerem Kochen gehen Vitamine verloren, teilweise jedoch wird die Verdaulichkeit erhöht. In jedem Fall empfiehlt sich das Zerkleinern (Hacken, Pürieren, Zermörsern usw.), um eine bessere Verdaulichkeit und Aufnahme von Nährstoffen zu erzielen.
Bestimmte fettlösliche Vitamine und Provitamine können nur in Gegenwart von Fett im Darm aufgenommen werden. Die Zugabe kleiner Mengen Pflanzenöl sollte also besonders bei Gemüse grundsätzlich erfolgen.
Getreidekomponenten sollten ebenfalls gekocht werden, da sich durch den Kochvorgang die Stärkeverdaulichkeit erhöht (Flocken einweichen).
Einige in Nahrungsmitteln enthaltene unerwünschte Faktoren werden durch Kochen zerstört, wie z. B. die sogenannten Thiaminasen in bestimmten Süßwasserfischarten, Antitrypsin in Sojabohnen. Kartoffeln enthalten ebenfalls einen unerwünschten, aber hitzeinstabilen Faktor und sollten daher nie roh verfüttert werden.
Der in rohem Eiklar enthaltene Stoff Avidin bindet und neutralisiert das hautrelevante Vitamin H (Biotin) im Darmtrakt.

NÄHRSTOFFBERECHNUNG

Über das Internet können Sie die Nährstoffe verschiedener Futtermittel berechnen lassen: www.uni-hohenheim.de/wwwin140/info/interaktives/lebensmittel.htm

KOCHZEIT

Kochen Sie Kohlenhydrate und Eiweißquellen separat. Erstere benötigen eine längere Kochzeit für die Erhöhung der Stärkeverdaulichkeit, während Eiweiß durch zu langes Kochen denaturiert. Obst und Gemüse erleiden bei längerem Kochen einen Vitaminverlust und sollten, falls dies zur Erhöhung der Verdaulichkeit überhaupt gewünscht wird, nur kurz gedünstet werden.

HALTBARKEIT

Werden keinerlei Konservierungsmittel zugesetzt, können hausgemachte Futterrationen auf Vorrat zubereitet und unter Luftausschluss und bei einer Temperatur von 0 bis 4 °C (also im Kühlschrank) drei bis sieben Tage gelagert werden.
Größere Mengen müssen bei -20 °C eingefroren gelagert werden.

ROHES FLEISCH

Auf keinen Fall darf **rohes Schweinefleisch** gefüttert werden, da es den Erregern der beim Hund tödlichen Pseudowut (Morbus Aujeszky) enthalten kann.
Oft in **rohem Geflügel** enthaltene Salmonellen werden im Gegensatz zur weitläufig verbreiteten Meinung nicht von der Magensäure inaktiviert. Die Gefahr, dass ein Hund nach Fütterung rohen (nicht nur) Geflügels oder Eiern an Salmonellose erkrankt, ist zwar gering. Jedoch können Hunde Salmonellen und andere Keime über den Darm ausscheiden, ohne selbst Krankheitszeichen zu zeigen, und somit besonders für Kleinkinder, alte Menschen oder immungeschwächte Patienten gefährlich sein. Dies ist neben anderen ein Grund dafür, Kot von roh ernährten Hunden in regelmäßigen Abständen labordiagnostisch untersuchen zu lassen.

Besonders nährstoffhaltig: grüner Pansen

Bei Raumtemperatur sollte derart zubereitete Nahrung nicht länger als ein paar Stunden stehenbleiben, da es sonst aufgrund des hohen Feuchtigkeitsgehaltes schnell zu einem Befall mit Bakterien und Schimmelpilzen kommen kann. Kontrollieren Sie auch gekühlt aufbewahrte Rationen täglich auf Farb- oder Geruchsveränderungen als Zeichen für Verderb.

GENERELLES ZUR ZUBEREITUNG

- Benutzen Sie bei der Zubereitung eine Lebensmittelwaage mit Grammskala zum Abwiegen der einzelnen Zutaten. Achten Sie bei der Verwendung von Rezepten darauf, ob sich die Mengenangaben auf gekochte oder ungekochte Substanz beziehen – dies macht, wenn Sie etwa an Reis denken, einen erheblichen Unterschied in der tatsächlichen Menge aus.
- Für Fleisch kalkulieren Sie das Rohgewicht, da durch Erhitzen je nach Qualität bis zu 50 % Feuchte verloren geht. Vereinfacht: Gekochtes/gebratenes Fleisch entspricht ca. dem 1,5-fachen Gewicht an rohem Fleisch.
- Besonders wenn Ihr Hund dazu neigt zu selektieren, d.h. sich die wohlschmeckenden Brocken herauszupicken, vermischen Sie die gekochten (oder die gekochten mit

Ebenso auf den Speiseplan: verschiedene Organe

den rohen) Zutaten gut, am besten in einem Mixer.

- Zugefütterte Mineral- oder Vitaminergänzungspräparate sollten nicht mitgekocht, sondern dem Futter erst direkt vor dem Verfüttern beigemischt werden, da ihr Nährstoffgehalt durch Kochen und Lagerung abnimmt. Ähnlich können Sie mit frisch gehackten Kräutern verfahren.
- Der Feuchtigkeitsgehalt selbst zubereiteter Rationen ist mit ca. 70 % annähernd mit dem kommerzieller Feuchtfutter vergleichbar.
- Stärkehaltiges Gemüse wie Kartoffeln, Süßkartoffeln oder auch gekochte Karotten hat, verglichen mit faserreichem Gemüse (z. B. Zucchini, Brokkoli etc.), einen höheren Energiegehalt. Durch Variieren dieser Gemüsesorten können Sie Einfluss auf den Gesamt-Kaloriengehalt der Ration nehmen. Faserreiche Gemüse enthalten neben den die Verdauung fördernden Faserstoffen einige Mineralstoffe und Vitamine. Zudem sorgen die Faserstoffe für ein gewisses Sättigungsgefühl, was bei einer angestrebten Gewichtsreduktion hilfreich sein kann.

Achtung: Ein zu hoher Faseranteil kann zu großen Kotmengen führen.

NAHRUNGSMITTEL IM ÜBERBLICK

FLEISCH

Muskelfleisch ist vor allem reich an Eiweiß und, je nach Sorte, Fett. Das Verhältnis variiert je nach Fleischsorte, so kann der Fettgehalt bei besonders fettreichen Fleischsorten den Eiweißgehalt sogar übersteigen. Schwein, Rind und Hammel stellen eher fetthaltige Fleischsorten dar, wohingegen beispielsweise Pferdefleisch und Geflügel (ohne Haut) eher fettarm sind. Je nach Fettanteil schwankt der Energiegehalt zwischen 0,5 und 2 MJ/100 g

NÄHRSTOFFQUELLEN

Die Wahl der Zutaten sollte unter Berücksichtigung des Energie- und Nährstoffgehaltes, der Individuellen Verträglichkeit und nicht zuletzt der Kosten erfolgen. Je nach dem bestimmenden Nährstoff können wir folgende Gruppen unterscheiden:

Proteinquellen

Tierische Proteine: Muskelfleisch, Organfleisch (z. B. Herz), Organe wie Leber oder Nieren sowie Schlachtabfälle, Fisch, Milch und Ei-Eiweiß

Pflanzliche Proteine: Sojamehl bzw. Sojaextraktionsschrot, Erbsen, Linsen, Bohnen

Fettquellen

Öle wie beispielsweise Fischöl, Leinöl, Keimöle, Olivenöl, Distelöl, Sojaöl oder Maisöl, Kokosfett, fettreiches Fleisch, fettreicher Fisch, Eigelb oder Hühnerhaut sowie Butter oder Schmalz

Kohlenhydratquellen

Getreideflocken, Reis, Mais, Weizenmehl, Kartoffeln, Süßkartoffeln, Teigwaren (Nudeln aus Hartweizengrieß) etc.

Rohfaserquellen

Weizenkleie, Futterzellulose, Karotten, Zucchini, Salat usw.

Hühnerherzen – überwiegend Muskelfleisch

Fleischige Knochen liefern wertvolles Kalzium

Frischsubstanz. Wird hauptsächlich oder ausschließlich eiweißarmes Fleisch verfüttert, kann dies eine Unterversorgung mit Eiweiß (und eine Überversorgung mit Energie) zur Folge haben.

Muskelfleisch enthält relativ wenig Kalzium bei einem hohen Phosphatanteil. Auch Natrium und einige Spurenelemente sowie fettlösliche (vor allem A, D) Vitamine und Ballaststoffe sind nicht in genügendem Maße vorhanden (der Vitamin-E-Gehalt variiert in Abhängigkeit vom Fettgehalt). Die wasserlöslichen Vitamine sind dagegen in ausreichender Menge vorhanden. Fleisch zeichnet sich durch eine hohe Verdaulichkeit von durchschnittlich 98 % aus.

Wechseln Sie die Fleischsorte ruhig ab und zu, sofern der Hund keine Überempfindlichkeiten beziehungsweise bekannte Allergien zeigt, was zu entsprechenden Symptomen wie Durchfall, Erbrechen oder Hauterkrankungen führen würde.

Achtung: Beachten Sie bei Trockenfleisch (besonders als Kauartikel bzw. Belohnungshappen), dass 30 g etwa 100 g Frischfleisch entsprechen.

Innereien Leber und Nieren enthalten hochwertiges Eiweiß und sind zudem (besonders die Leber als Speicherorgan, aber auch die Nieren) reich an Vitaminen und Spurenelementen. Mit dem Kalzium hingegen verhält es sich ähnlich wie bei Muskelfleisch. Die Leber enthält tierische Stärke (Glykogen), die schwer verdaulich ist und bei Fütterung größerer Mengen durch Gärungsprozesse im Dickdarm zu Durchfall führen kann.

Die Verdaulichkeit von Leber und Nieren ist hoch und die Akzeptanz auch in frischem Zustand sehr gut.

Füttern Sie Leber nicht öfter als ein- bis zweimal pro Woche oder aber nur eine sehr kleine Menge täglich, da sie sich – ähnlich wie Muskelfleisch – nicht zur ausschließlichen oder überwiegenden Verfütterung eignet und es zudem zu einer Überversorgung mit Kupfer oder Vitamin A kommen kann.

Schlachtabfälle wie Vormägen von Wiederkäuern, Schweinemägen, Euter, Lunge usw. eignen sich besonders aus Kostengründen zur Fütterung größerer Hunde. Sie sind tiefgefroren und portioniert erhältlich (trotzdem abkochen!).

Vormägen (Pansen, Netzmagen und Blättermagen, auch als Psalter bezeichnet) sind gereinigt frisch oder getrocknet erhältlich. Der sogenannte „grüne", d.h. ungereinigte Pansen ist besonders schmackhaft, aufgrund seines strengen Geruches jedoch nicht jedermanns Sache. Zudem können Verunreinigungen wie Steinchen oder Metallteile enthalten sein, die

WURSTWAREN

Von der Fütterung von Wurstwaren sei eher abzuraten, es sei denn, sie werden als gelegentliche Snacks gegeben. Die meisten dieser Produkte zeichnen sich durch einen hohen Fettgehalt bei niedrigen Mineralstoff- und Vitamingehalten aus oder sind stark gewürzt und gesalzen.

besonders bei Junghunden zu Problemen im Magen-Darm-Trakt führen können. Vormägen zeichnen sich durch eine hohe Verdaulichkeit aus, sind eiweißreich, aber in der Nährstoffzusammensetzung unausgeglichen. Mit dem Grad der Reinigung sinkt der Gehalt an wasserlöslichen Vitaminen und Faserstoffen.

Sonstige Schlachtabfälle wie Lunge, Milz, Därme, Euter, Sehnen und Bänder sind besonders reich an Bindegewebe. Zwar besitzen sie eine hohe Verdaulichkeit (bis 95 %), jedoch können sie bei übermäßiger Verfütterung zu Fehlgärungen, Blähungen und Durchfällen führen. Sie liefern vor allem Eiweiß und Fett. Der Fettgehalt variiert je nachdem, wie hoch beispielsweise bei der Verarbeitung der Lunge der Anteil an anhaftendem Fett und Schlund ist (reine Lunge enthält wenig Fett).

Verträglichkeit, Verdaulichkeit und Akzeptanz der Schlachtabfälle können durch Kochen verbessert werden. Der Vitamin-, Mineralstoff- und Spurenelementgehalt ist ähnlich wie für Fleisch.

Vorsicht: Schlund und Kehlfleisch enthalten oftmals Schilddrüsengewebe nebst der in ihm enthaltenen -hormone und sollten daher gemieden werden, da es ansonsten beim Hund zu einer „alimentären" Schilddrüsenüberfunktion (Hyperthyreose) kommen kann. Herz und Geflügelmägen bestehen aus Muskel und sind somit eher als Fleisch und nicht als Innereien anzusehen.

Knochen enthalten Fett und Eiweiß, vor allem aber einen hohen Gehalt an Kalzium, Phosphor und Magnesium. Daher nicht zu viel füttern! Sie sind zugleich Kauvergnügen und dienen der Zahnreinigung.

Vermeiden Sie stark splitternde Knochen (z. B. Wild), da spitze Knochenteile zu Verletzungen der Maulhöhle und des Verdauungstraktes führen können. Bei einer übermäßigen Knochenfütterung kann es zur Bildung von Knochenkot und somit zu Verstopfungen kommen.

Besonders bei Fütterung selbst zubereiteter Rationen auf der Basis von Fleisch kann Knochen als Mineralstoffergänzung herangezogen werden. (Vorsicht: Knochen enthält auch Phosphat, sodass eine Ergänzung von Kalzium erforderlich sein kann). Zur Deckung des Bedarfes an Kalzium und Phosphor eines Hundes im Erhaltungsstoffwechsel genügt etwa 1 g Frischknochen pro kg Körpergewicht und Tag. Hierfür geeignet sind Knochen jüngerer Tiere (Kalbsknochen) sowie die weniger festen Brustbein- oder Rippenknochen. Auch die Knochen von Schlachtgeflügel sind heute nicht mehr als stark splitternd anzusehen, da die Schlachtung frühzeitig erfolgt, sodass es nicht zur vollständigen Mineralisierung der Knochen (also zur Bildung sehr harter, splitternder Knochen) kommt. Meiden Sie Wirbelknochen und quer geschnittene Röhren. Wer das Risiko durch Knochensplitter umgehen möchte, kann auf Knochenmehl zurückgreifen. Rohe Knochen (BARF) splittern zudem weniger als gekochte. Soll Knochenfütterung die Kalziumversorgung decken, sollte dies täglich, mindestens aber 2–3 x pro Woche geschehen (Mengen kalkulieren lassen).

Für alte und junge Hunde stellen gegebenenfalls Geflügelhälse eine Alternative dar, da sie weicher und somit leichter zu zerkauen sind.

Tiermehle bilden eine kostengünstige Eiweißquelle (40–60 %) und wurden daher in der Vergangenheit häufig zur Fütterung großer Hunde eingesetzt. Seit dem Auftreten bestimmter Erkrankungen wie BSE unterliegt der Handel strengen Kontrollen. Tiermehle bestehen aus zunächst erhitzten, dann zerkleinerten und getrockneten Schlachtabfällen. Die genaue Zusammensetzung variiert teilweise erheblich in Abhängigkeit von Ausgangsmaterial und Herstellungsverfahren. Die Verarbeitung von Magen-Darm-Inhalten führt zu einem höheren Rohfasergehalt, Geflügelmehle mit höheren Anteilen an Keratin (Federn und Ständer) weisen eine niedrige Verdaulichkeit auf.

FISCH UND FISCHMEHLE

Fisch stellt ein optimales, ausgewogenes Nahrungsmittel für den Hund dar. Die Akzeptanz ist in der Regel ebenfalls gut. Auch ganze Fische können gefüttert werden. So erzielen Sie ein optimales Nährstoffverhältnis. Vermeiden Sie lediglich große, stark mineralisierte Knochenteile und (wichtig!) vergewissern Sie sich, dass der Fischkopf keinen Angelhaken enthält. Fisch sollte eher gekocht angeboten werden, um Bakterien und Parasiten abzutöten und die besonders in Süßwasserfischen enthaltenen vitaminblockenden Substanzen zu inaktivieren. Empfindliche Nasen können sich daran stören, dass der Hund bei Fütterung großer Mengen Fisch einen ebenfalls fischigen Geruch annimmt.
Seefisch enthält neben den wichtigen Omega-3-Fettsäuren auch das für die Schilddrüse wichtige Element Jod, fette Fischsorten (z. B. Thunfisch, Sardinen oder Makrele) weisen einen höheren Gehalt an hochwertigen Omega-Fettsäuren und Vitamin D auf als magere Sorten wie etwa Seelachs oder Kabeljau.
Bei der Verarbeitung zu Fischmehl kommt der gesamte Fisch zur Verwertung, was zu einem optimalen Nährstoffprofil führt.

Fisch ist gesund und reich an mehrfach ungesättigten Fettsäuren.

SCHONKOST

Hüttenkäse und Magerquark, kombiniert mit Kartoffelpüree (ohne Milch, Butter oder sonstige Zutaten) oder Reisschleim bilden eine optimale, da leicht verdauliche Schonkost zur begleitenden Behandlung von Magen-Darm-Erkrankungen.

MILCH UND MOLKEREIPRODUKTE

Milch stellt ein gesundes und hochverdauliches Nahrungsmittel dar. Sie dient als Lieferant von Fett, Eiweiß, Milchzucker, Vitaminen und Mengenelementen (besonders Kalzium), ist aber arm an Spurenelementen. Ein limitierender Faktor ist der Milchzucker (Laktose), den Hunde individuell unterschiedlich tolerieren, was zu Durchfällen führen kann (der Milchzuckergehalt beträgt rund 40 % der Trockensubstanz). 20 ml Milch pro kg Körpergewicht und Tag sollten nicht überschritten werden (dagegen sind 40 g Quark pro kg Körpergewicht möglich), es sei denn, eine bessere Verträglichkeit wurde im Einzelfall ausgetestet.
Magermilch hat aufgrund des reduzierten Fettgehaltes eine geringere Energiedichte und einen verringerten Gehalt an fettlöslichen Vitaminen.
Ebenfalls optimal in der Hundeernährung geeignet sind Joghurt, Dickmilch, Buttermilch, Kefir, Quark und Hüttenkäse. Der Energiegehalt dieser Produkte variiert erheblich in Abhängigkeit vom Fettgehalt (höher im Fettquark als im Magerquark, 1 % in der Buttermilch). Quark, Sauermilch, Buttermilch, Kefir und Joghurt enthalten einen im Vergleich zur Milch erheblich reduzierten Milchzuckergehalt (dieser wird durch Fermentierung zur besser vertragenen Milchsäure und anderen Substanzen umgewandelt). Aus diesem Grund sind sie verträglicher und können selbst in größeren Mengen verfüttert werden. Verwenden Sie Milch, Buttermilch, Kefir usw. beispielsweise zum Einweichen von

Trockenfutter oder auch pur bzw. mit anderen Nahrungsmitteln im Mixer püriert (Gemüse, Nüsse, Pflanzenöl, Kräuter, Öle usw.). Liegt eine bekannte Allergie gegen Rindereiweiß vor, können ersatz- und versuchsweise Ziegenmilchprodukte eingesetzt werden. Der Einsatz von beispielsweise Quark als Ersatz von Muskelfleisch kann bei Nierendiäten vorteilhaft sein (in Absprache mit dem Tierarzt), da Quark einen vergleichsweise niedrigeren Phosphatgehalt aufweist, sodass er sich bei entsprechenden Diäten durchaus als Fleischersatz eignet. Sahnequark eignet sich hier besonders, da er im Vergleich weniger Eiweiß enthält und durch seinen höheren Fettgehalt mehr Energie liefert und eine höhere Schmackhaftigkeit aufweist – günstig bei appetitlosen Tieren.

EIER

Eier sind reich an hochwertigem Protein und Vitaminen, außerdem purinarm. Werden beispielsweise minderwertige Schlachtabfälle gefüttert, kann die biologische Wertigkeit durch Zugabe von Eiern gesteigert werden. Die Schale besteht zu ca. einem Drittel aus Kalzium (Phosphorgehalt < 1 %) und kann als entsprechende Ergänzung (zerrieben) zugefüttert werden. Füttern Sie Eier grundsätzlich gekocht. Enthaltene Hemmstoffe werden so inaktiviert und eventuell vorhandene Salmonellen abgetötet.
Ei ist wichtig für die Hautgesundheit: Eigelb zeichnet sich durch einen hohen Gehalt an hautwichtiger Linolsäure sowie Biotin („Vitamin H") aus.

GETREIDEPRODUKTE

Getreideprodukte liefern hauptsächlich Kohlenhydrate und fungieren somit als Energielieferanten. Mais, Weizen, Hirse, Hafer, Reis und Schrot enthalten wenig (ca. 10 %) Rohprotein sowie wenig Kalzium und Natrium bei einem mittleren Phosphatgehalt und sind somit bezogen auf die Mineralstoffzusammensetzung nicht ausgewogen. Vitamin E findet sich lediglich in der Keimanlage, die anderen fettlöslichen Vitamine fehlen. Die wasserlöslichen Vitamine sind bis auf Vitamin B12 ausreichend in den äußeren Schichten der Getreidekörner vorhanden. Sie fehlen hingegen in deren Verarbeitungsprodukten (Weißmehlen).

Getreide werden zerkleinert gefüttert.

Zerkleinerte Körner weisen eine relativ hohe Verdaulichkeit (ca. 95 %) auf, bei rohfaserreichen Körnern wie Gerste und Hafer liegt diese niedriger. Geschrotete oder zu Flocken zerkleinerte Körner weisen die ursprüngliche Nährstoffzusammensetzung auf, Haferflocken, Grieß und Graupen werden im Zuge ihrer Herstellung von ihrer äußeren Hülle befreit, sodass der Rohfasergehalt sinkt. Haferflocken besitzen einen hohen Fettgehalt und wertvolle ungesättigte Fettsäuren.
Reis ist eine der am häufigsten verwendeten Getreidesorten. Er enthält überwiegend Kohlenhydrate (als Energielieferant) und wenig Eiweiß und Mineralien. Faserstoffe, Vitamine und Fette gehen zu einem Großteil durch das Polieren verloren, weshalb man ungeschältem Reis den Vorzug geben sollte (anders bei Magen-Darm-Erkrankungen!). Die Verdaulichkeit und somit Nutzbarkeit von Stärke hängt von der Verarbeitung, insbesondere Hitzebehandlung, ab. Die Verdaulichkeit von rohem Reis oder Kartoffeln liegt bei Null, verglichen mit einer Verdaulichkeit von weit über 90 % im gekochten Zustand.
Gluten Der Begriff bezeichnet das Klebereiweiß bestimmter Getreidesorten. Beim Menschen kann Gluten eine Entzündung des Dünndarms auslösen (Zöliakie). Beim Hund

wurde diese Erkrankung jedoch nur beim Irish Setter beschrieben.

Getreidemehle bestehen fast ausschließlich aus dem gemahlenen Mehlkörper des Getreidekorns und enthalten somit kaum mehr als Stärke.

Brot und Nudeln sind ebenfalls eiweißarme Produkte mit einem relativ niedrigen Vitamingehalt. Wenn möglich, greifen Sie auf Vollkornprodukte zurück, die einen höheren Anteil an Asche, Vitaminen und Rohfaser enthalten. Füttern Sie Nudeln nur gekocht (auch nicht „al dente"), Brot sollte abgelagert und nicht frisch (kann zu Fehlgärungen führen) gefüttert werden. Beides, wie im übrigen alle Getreideprodukte, sollte niemals ausschließlich gefüttert werden, da sie der dringenden Ergänzung bedürfen.

Weizenkeime sind reich an Vitamin E und essenziellen Fettsäuren. Weizenkleie enthält 10–12 % Rohfaser und kann zur Ergänzung bei Fütterung hochverdaulicher Komponenten oder zur Regulierung der Darmtätigkeit eingesetzt werden.

Pseudogetreide Hier handelt es sich botanisch betrachtet um kein Getreide, sondern um ähnlich aussehende Pflanzen bzw. Pflanzenteile. Sie werden gerne zur Herstellung „hypoallergener" Futtermittelrationen eingesetzt, da sie kein Gluten enthalten und per se seltener Verwendung finden. Buchweizen, Quinoa und Amaranth gehören zu den Pseudogetreiden.

FUTTERMITTELALLERGIE

Ein weit verbreiteter Irrtum besteht in der Annahme, dass es im Fall einer unterstellten Futtermittelallergie oder -unverträglichkeit genüge, auf ein „getreidefreies" Futter zu wechseln. Statistisch gesehen gehört Fleisch (insbesondere Rindereiweiße) zu den häufigsten Nahrungsmittelallergenen. Natürlich gibt es Ausnahmen.

Hülsenfrüchte liefern Eiweiß.

HÜLSENFRÜCHTE

Sie liefern sowohl Eiweiß als auch Kohlenhydrate und pflanzliche Faser. Der Eiweißanteil und der Rohfasergehalt sind im Vergleich zu Getreide höher. Füttern Sie Erbsen und Bohnen nur gekocht und niemals roh! Dadurch steigt die Verdaulichkeit (die Verdaulichkeit des Eiweißes liegt bei 75–85 %) und giftiges Phasin (in Gartenbohnen enthalten) wird neutralisiert. Bei Fütterung größerer Mengen kann es durch bakterielle Fermentierung der Rohfaser im Dickdarm zu Blähungen kommen. Am besten sollten Erbsen oder Bohnen nicht mehr als 10 % selbst zubereiteter Rationen ausmachen.

Sojabohnen haben eine ähnliche Zusammensetzung wie Bohnen und Erbsen, bei einem ungleich höheren Fettgehalt (ca. 20 %) und einer höheren Eiweißqualität. Am besten Sojaflocken füttern, die eine höhere Verdaulichkeit besitzen. Vorsicht: Auch hier können bei Verfütterung größerer Mengen Blähungen auftreten. Das Sojabohnenprodukt Tofu kann ebenfalls als Eiweißlieferant eingesetzt werden, kurzfristig (!) und nach Absprache mit dem Tierarzt bei Bedarf gar als einzige Proteinquelle zur Durchführung einer Ausschlussdiät (siehe S. 111).

Werden aus fettreichen Samen und Früchten Öle gewonnen, so bleiben Rückstände, die ei-

Roh oder gekocht füttern: Karotten

Quasi unverzichtbar: die Speisekartoffel

nen besonders hohen Eiweißgehalt aufweisen. Dieser kann bis zu 90 % betragen. Die in einer Futterration enthaltene Gesamtmenge sollte 10–15 % nicht überschreiten, da es ansonsten auch hier zu Blähungen kommen kann. Sojaprodukte sind arm an Mineralstoffen und fettlöslichen Vitaminen. Lediglich B-Vitamine sind in größeren Mengen enthalten.

KARTOFFELN

Sie stellen einen optimalen Energielieferanten für Hunde dar, da sie wie die unten genannten Knollengemüse fast ausschließlich aus Stärke, also aus Kohlenhydraten, bestehen. Der Proteingehalt ist niedrig. Kartoffeln enthalten einige wasserlösliche Vitamine und viel Kalium. Füttern Sie Kartoffeln immer gekocht, da sie roh so gut wie unverdaulich sind. Die Keime sind sorgfältig zu entfernen und das Kochwasser zu verwerfen, da es hohe Anteile an giftigem Solanin enthält. Am besten gut waschen, mit der Schale kochen und anschließend zerkleinern. So hält sich der Vitaminverlust in Grenzen. Falls bei einem hohen Kartoffelgehalt selbst zubereiteter Rationen vitaminierte Mineralfutter ergänzt werden, sollte der Kaliumgehalt im Auge behalten werden, da Kartoffeln bereits ausreichend Kalium enthalten.

Auch Süßkartoffeln (Batate) gehören zu den stärkereichen Gemüsesorten, die gekocht gefüttert werden müssen und sich besonders zur Fütterung bei bestehenden oder vermuteten Futtermittelallergien (Ausschlussdiät) wachsender Beliebtheit erfreuen. Botanisch ist die Süßkartoffel, ein Windengewächs, trotz der Namensgleichheit nicht mit der Speisekartoffel (Nachtschattengewächs) verwandt.

Weitere Knollengemüse sind Tapioka und Tobinampur. Letzterer wird auch als Diabetikerkartoffel bezeichnet, da er anstelle von Stärke Inulin enthält, einen Mehrfachzucker, der im Gegensatz zur Stärke nicht im Dünndarm, sondern erst im Dickdarm aufgespalten und verdaut wird und somit den Blutzuckerspiegel weniger stark ansteigen lässt.

KAROTTEN

Sie enthalten vor allem Ballaststoffe, Kohlenhydrate sowie viel Pro-Vitamin A, das der Hund für sich nutzen kann. Selbst größere Mengen lassen sich problemlos füttern (200 g für einen 10 kg schweren Hund pro Tag sind möglich). Die Verdaulichkeit ist mit bis zu 90 % hoch. Auch roh gefüttert werden Karot-

Kerne und Nüsse: wahre Nährstoffbomben

ten gut vertragen (am besten gerieben oder zerkleinert und mit etwas Pflanzenöl). Ganze, rohe Karotten werden von vielen Hunden gerne als – äußerst gesunder – Knabberspaß genommen.

OBST

Obst liefert vor allem Ballaststoffe, Kohlenhydrate und Mineralstoffe. Im Gegensatz zum Menschen kann der Hund selbst Vitamin C produzieren, daher spielt der Vitamingehalt eine untergeordnete Rolle. Bananen haben einen hohen Stärkegehalt, sind also überwiegend Energielieferanten (auch roh). Äpfel sind reich an Pectinen (sie binden Giftstoffe im Darm und fördern so deren Ausscheidung) und Zucker. Beeren, Ananas, Pflaumen, Zwetschgen usw. können gut gefüttert werden. Zitrusfrüchte eignen sich aufgrund des hohen Säuregehaltes weniger. **Achtung!** Weintrauben können bei Hunden zu tödlichem Nierenversagen führen und dürfen daher, ebenso wie Rosinen, nicht gefüttert werden!

Obstkerne enthalten giftige Blausäure und andere Cyanverbindungen, die bei erhöhter Aufnahme zu Atemstillstand führen können! Steinobst nur entsteint füttern, da die Steinkerne im schlechtesten Fall – je nach Größe von Stein und Hund – zum Darmverschluss führen können. Ein solcher Darmverschluss kann gar zum lebensbedrohlichen Notfall werden, wenn er nicht rechtzeitig erkannt und – chirurgisch – behoben wird.

OBST-COCKTAIL

Obst stets reif bis überreif füttern, gut waschen, Steinobst entkernen.
Alles im Mixer zerkleinern, etwas Öl sowie gegebenenfalls Molkereiprodukte dazugeben und Sie erhalten einen auch für den Vierbeiner gesunden Cocktail.

NÜSSE

Diese können ebenfalls verfüttert werden, am besten zerkleinert. Sie liefern überwiegend Fett (davon ca. 10 % in Form von mehrfach ungesättigten Fettsäuren) und enthalten zudem Spurenelemente und Vitamine. Vorsicht bei Mandeln (sie enthalten Blausäure). Keine Macadamianüsse füttern, sie sind für Hunde giftig!

GEMÜSE

Sie enthalten in frischem Zustand viel Wasser und liefern ansonsten vor allem Vitamine, Mineralstoffe und Faserstoffe (unter 10 %). Broccoli, Friseesalat und andere grüne Salate, Fenchel, Spinat, Petersilie, Basilikum eignen sich bestens, um ballaststoffarme Rationen zu ergänzen (bis 5 % der Trockensubstanz). Füttern Sie Gemüse roh (gilt nicht für Kohlgemüse) oder blanchiert (ideal im Dampfdrucktopf), so behalten sie einen möglichst hohen Nährstoffgehalt.

Zwiebelgewächse (alle Gewächse der Gattung Allium) sind für Hunde giftig. Sie enthalten unter anderem N-Propyldisulfid, das die roten Blutkörperchen zerstört und somit zu Blutarmut führen kann. Roh gefüttertes Gemüse sollte stets gründlich zerkleinert werden.

FETTE UND ÖLE

Sie liefern neben den lebenswichtigen essenziellen Fettsäuren und einigen fettlöslichen Vitaminen (E) überwiegend Brennmaterial, also Kalorien. Ein Mindestanteil Fett in der Futterration ist unumgänglich, um die Aufnahme fettlöslicher Vitamine zu ermöglichen und die Versorgung mit essenziellen Fettsäuren zu gewährleisten. Unter den tierischen Fetten enthalten Fischöle den höchsten Anteil essenzieller Fettsäuren (und besitzen die beste Verdaulichkeit). Der Gehalt essenzieller Fettsäuren und die Verdaulichkeit bei Geflügel-, Schweine- und Wiederkäuerfett dagegen nehmen in der aufgeführten Reihenfolge ab. Pflanzliche Öle zeichnen sich durch einen hohen Gehalt an ungesättigten Fettsäuren aus. Dies bedeutet allerdings auch, dass sie schneller verderben bzw. ranzig werden. Mit der Fettmenge steigt auch der Bedarf an Vitamin E. Besonders geeignet sind Keimöle, Mais-, Sonnenblumen- oder Leinsaatöl.

Linolsäurelieferanten (Omega-6) sind z. B. Distelöl, Nachtkerzenöl, Sonnenblumenöl. Einen hohen Gehalt an Alpha-Linolensäure (Omega-3) haben z. B. Walnussöl oder Hanföl. Leinöl verfügt über den höchsten Gehalt. Fischöl zeichnet sich durch einen hohen Gehalt an DHA und EPA aus und eignet sich daher besonders in Kombination mit den oben genannten Linolsäurelieferanten.

Da sich Pflanzenöle in ihrer Zusammensetzung und ihrem Fettsäureprofil teils erheblich voneinander unterscheiden, ist es ratsam, mehrere Öle zur Verfügung zu haben und entsprechend zu rotieren.

FISCHÖL

Achten Sie beim Kauf von Fischöl stets darauf, dass (entscheidend) mindestens 300 mg (Milligramm) Omega-3-Fettsäuren pro Gramm Öl enthalten sind. Oft sind weniger enthalten. (Quelle: Julia Fritz, Hunde barfen)

MYTHOS KNOBLAUCH

Studien haben gezeigt, dass Knoblauch (der ebenso wie Lauch zu den Zwiebelgewächsen zählt, die für Hunde giftig sind) keineswegs gegen Darmparasiten (Würmer) oder gar Flohbefall schützt. Ein Irrglaube, der sich hartnäckig bei Hundehaltern und -züchtern hält.

ERGÄNZUNGSFUTTER

Knochenmehle, Algenkalk, kohlensaurer Futterkalk, Kalziumzitrat, Kalziumkarbonat oder zerriebene Eierschalen eignen sich besonders zur Ergänzung selbst zubereiteter, kalziumarmer Rationen. Seealgenmehl kann ebenfalls zur Mineralstoffergänzung eingesetzt werden, hat jedoch einen hohen Jodgehalt (zu viel Jod kann schädlich sein). Leber eignet sich zur Ergänzung von Vitamin A, Kupfer, Vitamin B12 und anderen wichtigen Nährstoffen, Weizenkeimlinge oder Sonnenblumenkerne für Vitamin E. B-Vitamine (ausgenommen Vitamin B 12) können in Form von Bierhefe ergänzt werden. Letztere besitzt zudem eine appetitanregende Wirkung. Lebertran liefert u.a. wichtiges Vitamin D.

Heilerde erfreut sich einer wachsenden Beliebtheit. Sie enthält jedoch entgegen landläufiger Meinung außer Eisen keine Spurenelemente sondern überwiegend Mineralstoffe. Als Ergänzung für Spurenelemente ist sie deshalb eher ungeeignet. Unter Umständen kann sie bei Magenübersäuerung oder Durchfall erfolgreich eingesetzt werden, da bei einigen betroffenen Hunden positive Effekte beobachtet werden konnten.

Getreideflocken (Flockenfutter) eignen sich zur Kohlenhydratergänzung bei Fütterung besonders eiweißreicher Rationen. Die meisten erhältlichen Produkte sind ausreichend mit Vitaminen angereichert, weisen aber teilweise einen ungenügenden Mineralstoffgehalt (besonders Kalzium) auf. Sie sollten trocken und schimmelfrei sein.

☞ MENGENANGABEN FÜR TÄGLICHE MENÜS

(ungefähr, da der Energiebedarf individuell unterschiedlich ist)

	KÖRPERGEWICHT DES HUNDES		
	5 kg	15 kg	30 kg
Fleisch	60 g	175 g	300 g
Getreide/Kartoffeln	100 g	150 g	200 g
Gemüse	20 g	40 g	100 g
Pflanzenöl	20 g	40 g	60 g
zusätzlich Mineralstoffergänzung			

Eiweißreiche Ergänzungsfutter (Trockenfleisch oder eiweißreiche Dosenfutter) sind umgekehrt zur Ergänzung von überwiegend kohlenhydratreicher (Kartoffel, Reis, Getreide) Kost geeignet. Zumeist bedarf es jedoch noch der zusätzlichen Ergänzung von Vitaminen und Mineralstoffen.

Vitamin- und Mineralstoffpräparate dienen dazu, entsprechende Defizite zu korrigieren. Am besten wählen Sie Präparate in Pulver- oder Granulatform, die Sie leichter unter die Hauptnahrung mischen können. Gerade Mineralfutter sind oftmals nicht besonders schmackhaft. Die meisten selbst zubereiteten Rationen müssen mit Kalzium und Vitamin A ergänzt werden, weniger mit Phosphat, das zumeist in ausreichender Menge enthalten ist. Lassen Sie sich bei der Wahl des Produktes von Ihrem Tierarzt oder einer fachkundigen Stelle beraten (siehe Adressen S. 124).

Fügen Sie vitaminierte Mineralergänzungspräparate erst nach dem Kochen zu, um einen Vitaminverlust zu vermeiden.

Beifutter sind Produkte, die als Belohnungen oder zum Knabberspaß angeboten werden können. Sie sollten 10 % der täglich aufgenommenen Futtermenge nicht überschreiten. Zu ihnen gehören Drops, Kekse, Knabberstangen, Rollen usw. Im Trend liegen auch Präparate, die Kräuter, Gelatine usw. enthalten und zur allgemeinen Gesundheit bzw. Krankheitsvorsorge dienen sollen. Diese Produkte sind in der Regel nicht gerade preiswert und oftmals fehlen Studien, die den beworbenen Nutzen tatsächlich belegen.

Dietätische Fasern Der Einsatz von dietätischen Fasern (Zellulose, Pektin, Flohsamenschalen) erscheint sinnvoll bei Hunden, die Gemüse nicht annehmen, oder als Gemüseersatz bei Allergikern. Zudem ist ihr Einsatz aus medizinischen Gründen positiv zu bewerten, z. B. bei Durchfall, Verstopfung, Übergewicht sowie bei Erkrankungen von Niere, Leber oder Diabetes.

Futterzellulose wird aus gemahlenem Pflanzenmaterial gewonnen. Sie gehört zu den Ballaststoffen und kann Gemüse oder Kleie (gleiche Funktionen) ersetzen. Zu ihren Aufgaben gehören die Regulierung der Darmtätigkeit sowie Unterstützung bei Gewichtsreduktion.

Pektin ist in allen Pflanzenteilen enthalten und wird beispielsweise aus Trestern (aus Äpfeln, Möhren oder Rübenschnitzeln) hergestellt. Sein Nutzen liegt in der Förderung der nützlichen Darmbakterien. Zudem bindet es potenziell schädliches Ammoniak und kann daher auch bei Nieren- oder Lebererkankungen eingesetzt werden, da es zur Entlastung besagter Organe beiträgt.

Flohsamenschalen wirken präbiotisch, ihre Schleimstoffe binden Wasser und schützen die Darmschleimhaut.

MENÜVORSCHLÄGE

Wenn selbst zubereitete Futterrationen (BARF, Kochen etc.) einen großen Teil der Tagesration ausmachen und über längere Zeiträume oder dauerhaft gefüttert werden, wird idealerweise eine computergestützte Rationsanalyse und -berechnung vorgenommen. Sie ermöglicht, Nährstoffdefizite oder eine Überversorgung aufzuzeigen, die Zusammensetzung der Rationen zu optimieren und – besonders wichtig – eine geeignete Vitamin- und Mineralstoffergänzung auszu-

Mögliche Zutaten für ein BARF-Menü

ZUSAMMENSETZUNG EINER RATION

- 35 bis 45 % eiweißreiche Futtermittel (Fleisch, bestimmte Schlachtabfälle)
- 45 bis 55 % Getreideprodukte (Haferflocken, Nudeln) oder Kartoffeln
- 5 % Rohfaser, z. B. Weizenkleie
- 5 % Pflanzenöle oder Schweineschmalz
- 0,5 g/kg Körpergewicht Mineralfutter mit ca. 20 % Kalzium
- dazu in kleinen Mengen Kräuter, Milchprodukte, Nüsse, etc.

wählen, die die Ration in Hinblick auf den individuellen Nährstoffbedarf des Hundes komplettiert. Andernfalls drohen schwerwiegende Mängel mit ernsten gesundheitlichen Konsequenzen.

Im Folgenden finden Sie einige einfache Beispiele für selbst zubereitete Rationen, die Abwechslung in einen gesunden Futterplan bringen können. Die hier angeführten Beispiele erheben keinen Anspruch auf Ausgewogenheit in der Einzelration. Sie sind für einen ausgewachsenen, gesunden Hund mit normaler Aktivität im Erhaltungsbedarf gedacht.

Etwas Süßes zum Verwöhnen Vorgequollene Haferflocken, Obst (Apfel, Banane, Himbeeren etc.), Kefir oder Buttermilch (alternativ Hüttenkäse, Magerquark, Jogurt), ein Esslöffel Honig, Paranüsse oder Haselnüsse, ein Esslöffel kaltgepresstes Pflanzenöl.

Vegetarisch Eier gekocht bzw. als Rührei, Magerquark, Kartoffeln, Spinat, Öl.

TAGESRATION FÜR BARFER

für einen 10 kg schweren Hund; siehe auch S. 92

- 125 g Fleisch mit Fett
- 25 g Leber
- 5–10 g weiche Knochen
- 100 g Gemüse

Karottenmus Schlund, Kehlfleisch, Karotten, Haferflocken (eingeweicht in Wasser mit etwas Milch), Öl, gemahlene Nüsse.

Brokkolinudeln Pferdefleisch, Teigwaren (Nudeln aus Hartweizengrieß, eventuell Vollkornnudeln), Petersilie (gemahlen), Brokkoli, Knochenbrühe.

Nordsee Dorsch (Filet), Magerquark, Karotten mit Kartoffeln, Kohlrabi.

Pute auf Brot Putenfleisch (z. B. Putenoberkeule) oder Hühnerfleisch mit Haut, Hüttenkäse, eingeweichtes Brot, 1 Esslöffel geriebene Haselnüsse, grüner Salat, gekochte Leinsamen.

Pansennudeln Grüner Pansen, Quark, Nudeln, Suppengemüse.

Rind mit Honig Rindermuskelfleisch, 1 Stück fetter Speck (Schwarte), Vollkornreis, 1 El. Honig, geriebene Gurkenkräuter, 1 Teelöffel Bierhefeflocken.

Rinderherzen auf Salat Rinderherz mit Reis, pürierter grüner Salat (verwenden Sie das Kochwasser vom Fleisch), geriebene Sonnenblumenkerne, eine Banane.

Magen von der Kuh Blättermagen, Leber, Karotten, eingeweichte Haferflocken, kaltgepresstes Olivenöl.

Hühnchen in Buttermilch Hühnermägen und/oder -herzen, Leber, Reis, Buttermilch, 1 Apfel, zerriebene Nüsse.

Spinatreis Maul- oder Kehlfleisch, Vollkornreis, Spinat, Weizenkeimöl.

KRÄUTER
— *Gesunde Helfer im Napf*

Alternative Heilmethoden stellen einen sanften Therapieansatz dar. Insbesondere Gesundheitskräuter können eine sinnvolle Nahrungsergänzung im Hundenapf sein.

01

ANWENDUNGSGEBIETE

Unheilbare Krankheiten, erfolglose Dauertherapie, unerklärliche Allergiebeschwerden oder zusätzliche Unterstützung aus der Natur begleitend zur klassischen Schulmedizin: Es gibt viele Gründe, warum Hundebesitzer oder behandelnder Tierarzt sich für eine alternative Heilmethode entscheiden, die unabhängig von der Methode immer einen ganzheitlichen Ansatz verfolgt.
Dies bedeutet, dass nicht nur die isolierten Symptome der Erkrankung behandelt werden, sondern der gesamte Körper und Organe, die unter Folgeerscheinungen der Grunderkrankung in Mitleidenschaft gezogen werden. Dies wird durch zwei Grundgedanken gerechtfertigt: Zum einen hat ein Hund immer das „Anrecht auf mehrere Erkrankungen“. Dies bedeutet konkret, dass ein herzkranker Vierbeiner durchaus auch unter einer Arthrose leiden kann und umgekehrt.

01 Heilkräuter stärken das Immunsystem und tragen zum Wohlbefinden des Hundes bei.

02 Brennnesseln und andere Kräuter kann man selbst sammeln – am besten fernab von Straßenverkehr und Pestizideinsatz.

03 Sammeln Sie nur, was Sie sicher kennen. Viele Kräuter wie diese Schafgarbe haben ein charakteristisches Aussehen.

02

03

GANZHEITLICH BEHANDELN

Des Weiteren beeinträchtigt eine Krankheit den Organismus immer mehr, als die offensichtlichen Symptome es auf den ersten Blick vermuten lassen – denn ein Organ ist kein isoliertes und in sich geschlossenes System, welches still und allein vor sich hin arbeitet. Ein Organ ist immer Teil eines Ganzen, und so ist bei Beschwerden des Einzelnen auch immer das Ganze betroffen.

Diese „Nebenwirkungen" einer Erkrankung versuchen die Heilmethoden aufzufangen und in ihrer Therapie mit zu behandeln. Weiterer Vorteil der individuellen Heilmetoden ist ihre Sanftheit, denn „Heilen ohne Nebenwirkungen" ist ein zentrales Argument aller Verfechter der alternativen Therapieformen und ganzheitlicher Therapieansätze.

An ihre Grenzen stoßen die alternativen Behandlungen selbstverständlich auch: Ein offener Knochenbruch oder eine verschleppte eitrige Entzündung müssen nach wie vor klassisch konservativ mit Operation bzw. Antibiotika-Gabe behandelt werden, um anschließend evtl. naturheilkundlich unterstützt zu werden – alles andere wäre fahrlässig und gefährlich fürs Tier. Hier muss sich jeder Tierbesitzer und Tierarzt ganz klar seiner Verantwortung bewusst sein und richtig entscheiden.

VERSCHIEDENE METHODEN

Die richtige Entscheidung muss auch bei der Wahl der Naturheilmethode gefällt werden, denn je nach Beschwerde und Hund muss unter allen Varianten selbstverständlich die richtige Therapie mit Sorgfalt ausgewählt werden. Um den gewünschten Behandlungserfolg erzielen zu können, muss vor Beginn das Ziel definiert werden und geprüft werden: Kann meine Methode der Wahl das überhaupt erreichen? Kann sie meinen „tierischen Patienten" nur gut unterstützen und mit welchen Nebenwirkungen muss gerechnet werden?

Zudem sind nicht alle Heilmethoden, selbsternannte Heiler, wundersame Pülverchen und sagenumworbene Tropfen auch wirklich in der Lage, dem Vierbeiner nachweislich zu helfen. Aufgrund der wachsenden Beliebtheit der Naturheilverfahren springen immer mehr Trittbrettfahrer auf und nutzen die Gutgläubigkeit verzweifelter Hundebesitzer, die auf der Suche nach der letzten Rettung für ihren Freund auf vier Pfoten sind.

NEUE ERKENNTNISSE

Welch hoher Stellenwert und spektakuläres Potential in den alternativen Therapieformen schlummert, verdeutlichte auf beeindruckende Weise der Medizin-Nobelpreis, den die chinesische Forscherin Youyou Tu erhielt. Sie extrahierte aus der Beifuß-Pflanze einen wirksamen Wirkstoff gegen Malaria.

Doch auch hierzulande wird geforscht, und das auf ganz hohem Niveau. Die wissenschaftliche Hochburg für natürliche Heilverfahren liegt im Ruhrgebiet, wo Professor, Visionär und Pionier Gustav Dobos jährlich 20 bis 30 Studien zu alternativen Heilmethoden und ihren Wirkungsweisen veröffentlicht. Die Naturheilkunde hat sich somit zurecht ihren Platz sowohl in der Wissenschaft als auch in der Praxis zurückerkämpft, legt ihr „Simsalabim-image" erfolgreich ab und zeigt sowohl bei Zwei- als auch bei Vierbeinern belegbare Wirkungen!

04

PHYTOTHERAPIE

„Die ganze Natur ist eine Melodie, in der eine tiefe Harmonie verborgen ist" schrieb Johann Wolfgang von Goethe. Energie, Kraft und Gesundheit – Phythopharmaka haben eine jahrtausendlange Tradition. Ob bei den großen Medizinern im alten Griechenland, bei der Ayurveda-Therapie in Indien, in den Lehren der Heilung im Mittelalter oder in der traditionellen chinesischen Medizin: Heilpflanzen spielen in der Medizin und Therapie von Mensch und Tier schon immer eine tragende Rolle.

Bis heute sind über 250.000 Heilkräuter bekannt, die in der Phytotherapie bei einer Vielzahl von Beschwerden eingesetzt werden. In Deutschland werden aktuell rund 600 Sorten in der gängigen Praxis verwendet. Der Ansatz der Phytotherapie ist, wie bei fast allen naturmedizinischen Heilmethoden, ganzheitlich, so dass nicht nur einzelne Symptome, sondern komplette Organsysteme oder der gesamte Organismus behandelt werden. Viele der Phytopharmaka besitzen ein breites pharmakologisches Wirkungsspektrum und werden vom Patienten besser vertragen als synthetische Arzneimittel.

Die Pharmakokinetik von Pflanzenpräparaten ist zudem nicht anhand einzelner Wirkstoffe messbar, sondern entsteht durch eine Ergänzung und Verstärkung verschiedener Inhaltsstoffe untereinander, so dass die Gesamtwirkung einer Pflanze oft stärker ist, als die ihrer einzelnen Bestandteile. Je nach Wirksamkeit werden die Heilpflanzen in Mite (mild) und Forte (stark wirkend) unterteilt.

05

WIRKUNGSWEISE

Die wichtigsten Ansatzpunkte von Heilpflanzen sind der Ersatz von im Organismus fehlenden Stoffen, die Katalysierung verschiedener Stoffwechselvorgänge sowie antibakterielle Einflüsse. Den ersten großen „Durchbruch" verzeichnet die Phytotherapie im 15. Jahrhundert – der Epoche, in welcher der Buchdruck erfunden wurde und die Kräuterfibel sich schnell verbreitete. In den 1930er Jahren, lange nach diesem „Siegeszug" der Heilkräuter, wurde die Bach-Blütentherapie vom englischen Arzt Dr. Edward Bach entwickelt. Er konzipierte 38 Blütenessenzen, die dazu ausgelegt sind, Selbstheilungskräfte anzuregen und dem Körper zurück zu seinem Gleichgewicht zu verhelfen. Kombiniert werden können Bachblüten und Heilkräuter durch Aufsprühen der Bachblüten-Essenzen auf die Kräuter und anschließende Trocknung, so wie sie in der Humanmedizin bereits als Teeform genutzt werden.

Mit Aufkommen des Penicillins im Laufe des 19. Jahrhunderts schwand die Stellung der Phytotherapie. Heute werden Phytopharmaka wieder vermehrt eingesetzt, um Nebenwirkungen einer pharmazeutischen Therapie abzupuffern, Stoffwechselprozesse gezielt zu unterstützen sowie das körpereigene Immunsystem zu aktivieren.

Darreichungsform der Naturheilmittel bei Vierbeinern ist in der Regel oral – zubereitet als Tee, als Mischung zur Ergänzung des Futters oder verpackt in einem Snack. Wichtig ist ihre regelmäßige Verabreichung über einen längeren Zeitraum, damit sich die Wirkung voll entfalten kann.

BESONDERHEITEN DER PHYTOTHERAPIE

- Gute Verträglichkeit
- Große therapeutische Breite
- Milde Wirkung
- Synergistische und antagonistische Wirkungen
- Wirkstoffgehalt abhängig vom Ausgangsmaterial und der Zubereitung
- Gut geeignet für eine sehr individuelle Therapie

06

04 Auch viele Küchenkräuter haben wertvolle Inhaltsstoffe.

05 Mit Kräutern kann jedes Hunde-Menü sinnvoll aufgewertet werden – egal ob Fertigfutter oder BARF-Kost.

06 Tierärztin und Ernährungsexpertin Hanna Katrin Stephan hat ihre Leidenschaft für Tiere zum Beruf gemacht und leitet als Expertin für Hunde- und Katzenernährung die Produktentwicklung und Ernährungsberatung eines namhaften Futterherstellers.

UNGEEIGNETE/GIFTIGE NAHRUNGSMITTEL

Katzenfutter gehört nicht und erst recht nicht als reguläre Mahlzeit auf den Speiseplan des Hundes. Wenngleich oftmals sehr schmackhaft, enthält es zu viel Eiweiß und entspricht auch sonst nicht den Nährstoffbedürfnissen von Hunden.

Eier (insbesondere Eiklar) gehören **nicht roh** auf den Speiseplan. Zum einen enthält rohes Eiklar Avidin, eine Substanz, die Vitamin H inaktiviert, zum anderen befinden sich in ihm Substanzen, die die Eiweißverdauung hemmen (Trypsin-Inhibitoren). Der Korrektheit halber sei allerdings erwähnt, dass die o.g. Substanzen nur bei der Fütterung größerer Mengen Probleme bereiten würden.

Schweinefleisch sollte **niemals roh** oder ungenügend gekocht verfüttert werden (Vorsicht besonders auch bei Mett oder Mettwurst), da sich in ihm der für Hunde tödliche Aujeszky-Erreger befinden kann, der in Deutschland zwar nicht mehr beim Hausschwein vorkommt (wohl aber bei Wildschweinen!), jedoch möglicherweise in importiertem Fleisch enthalten sein könnte.

Zwiebelgewächse, d.h. alle Gewächse der Gattung Allium, sind für Hunde **giftig**. Sie enthalten N-Propyldisulfid, das die roten Blutkörperchen zerstört und somit zu Blutarmut führt. **Wichtig:** Zu ihnen gehören auch der giftiges Allicin enthaltende Knoblauch und Lauch. Akitas und Shiba Inus scheinen besonders empfindlich zu sein.

Achtung: Auch vor der regelmäßigen Verwendung kleinerer Mengen sei gewarnt, da es zu einer Summierung der Wirkung und dementsprechend zeitverzögerten, späteren Problemen kommen kann.

Kartoffeln niemals roh füttern, Kochwasser (kann giftiges Solanin enthalten) immer verwerfen.

Schokolade, Kaffee haben in der Hundeernährung absolut keinen Platz. Das im Kakao enthaltene Theobromin kann bei Vergiftungen zu Erbrechen, Durchfällen, Muskelzittern und sogar Herzversagen führen. Die tödliche Dosis beträgt 100-200 mg Theobromin pro kg Körpergewicht. Dunkle Schokoladen und Kuvertüren haben den höchsten Gehalt. 30 g Vollmilchschokolade enthalten 70 mg Theobromin, die gleiche Menge Kakaopulver oder Backschokolade enthält 600 mg. Dies bedeutet, dass der Verzehr von 30 g Backschokolade für einen 6 kg schweren Hund tödlich enden kann. Auch beim Abbau von koffeinhaltigem entsteht Theobromin.

Kernobst und Steinobst Hier können abgeschluckte Kerne zu Problemen im Verdauungstrakt bis hin zum Darmverschluss führen. Zudem enthalten Fruchtsteine Blausäure. Werden zu viele von ihnen zerbissen, besteht die Gefahr einer Vergiftung.

Hülsenfrüchte und Auberginen niemals roh füttern (Erstere können giftig sein, Letztere sind so gut wie unverdaulich). Vorsicht auch bei Nachtschattengewächsen (Solanin).

Tomaten und Paprika dürfen hingegen in reifem Zustand entgegen weit verbreiteter Meinung theoretisch unbedenklich verfüttert werden und sind nicht giftig, auch wenn sie zu den Nachtschattengewächsen gehören. Giftig sind hier lediglich Blätter oder unreife Früchte.

Weintrauben und Rosinen können bei Hunden zu akutem Nierenversagen führen und sind damit strikt zu meiden. Bereits 10–30 g

NUR GEKOCHT

Die Faustregel lautet: Unbedingt gekocht werden sollten all diejenigen Nahrungsmittel, die auch wir Menschen nicht roh zu uns nehmen würden wie, z. B. Kartoffeln, Reis, Nudeln, Hülsenfrüchte. Im Übrigen vertragen Hunde auch kein „al dente". Pasta und Reis also stets gut „zerkochen". Das gekochte Reiskorn sollte sich einfach mit dem Daumen zerdrücken lassen.

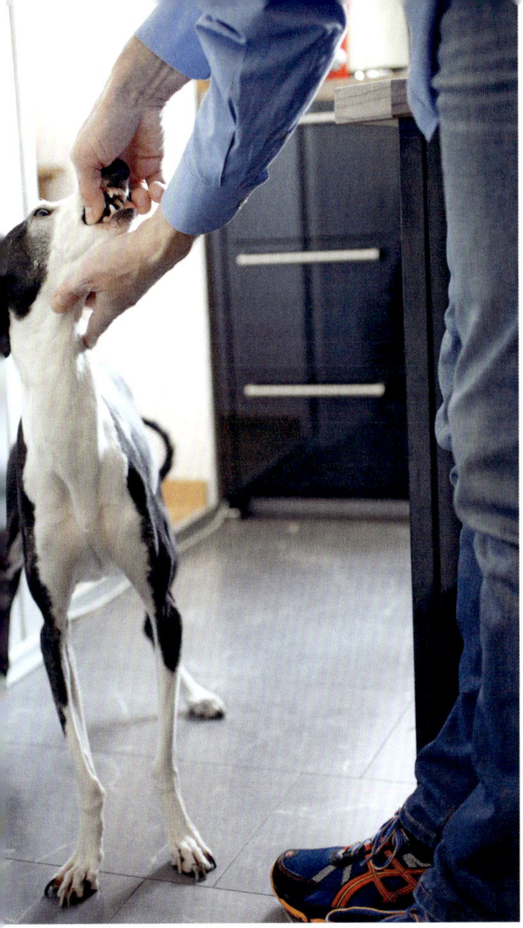

Kontrolle der Maulhöhle

Viele Pflanzen sind giftig für Hunde.

Ebenso giftig: Schokolade und Rosinen

Weintrauben oder 3 g Rosinen pro kg Körpergewicht können ausreichen.

Macadamianüsse enthalten schädliche Stoffe und gehören im Gegensatz zu anderen Nüssen nicht auf den Speiseplan von Hunden. Sie können zu Fieber, Erbrechen und Lähmungen führen, die allerdings oft reversibel sind.

Wurstwaren Auch sie haben kein Platz auf der Liste der für Hunde geeigneten Nahrungsmittel, da sie oftmals einen hohen Fettgehalt haben und zudem stark gewürzt und gesalzen sind.

ANZEICHEN EINER VERGIFTUNG

Bei der überwiegenden Mehrheit der Vergiftungen gehört Erbrechen zu den Hauptsymptomen. Zudem können je nach Art der Vergiftung Speicheln, Durchfälle sowie Herz-Kreislauf-Probleme beobachtet werden, ebenso wie Atemnot, Zittern, Fieber, Krämpfe sowie Erregungszustände und starke Schmerzen im Bauchbereich oder aber auch Apathie/Teilnahmslosigkeit. Des Weiteren kommt es in Folge verschiedener Vergiftungen zu teils unterschiedlichen Organschädigungen (Leber, Niere etc.) mit entsprechenden Symptomen.

Bei einem Verdacht auf Vergiftung suchen Sie möglichst umgehend einen Tierarzt auf. Kündigen Sie den Besuch vorher telefonisch an, um Vorbereitungen zu ermöglichen. Füttern Sie Ihren Hund nicht mehr! Versuchen Sie, Informationen über Menge und Art der aufgenommenen Stoffe zu eruieren. Wurde etwas nicht Identifizierbares aus der Umwelt aufgenommen, versuchen Sie, eine Probe mitzunehmen. Selbiges gilt für Unidentifizierbares im Kot oder im Erbrochenen des Hundes.

Die Barfration soll die Zusammensetzung eines kompletten Beutetieres möglichst naturgetreu nachahmen

ROHFLEISCHFÜTTERUNG (BARFEN)

Eine zunehmende Anzahl unter den Befürwortern selbst zubereiteter Nahrung bevorzugt das Verfüttern ausschließlich roher Zutaten. Diese Ernährungsweise wird als B.A.R.F. bezeichnet, das umgangssprachlich mit „Biologisch artgerechte Rohkostfütterung" übersetzt wird. Eigentlich kommt das Kürzel aus dem Englischen und steht für „bone and raw food" (Knochen und rohe Nahrung).

DIE PHILOSOPHIE

Das Prinzip dieser Ernährungsphilosophie besteht in der ausschließlichen Verfütterung roher Zutaten (Fleisch, Fisch, Getreide, Obst, Gemüse, evtl. Milch- und Molkereiprodukte usw.). Auch Knochen werden mehr oder weniger zerkleinert roh gefüttert, teilweise werden rohe Futtertiere (Geflügel, Kaninchen, Fisch usw.) im Ganzen oder zerkleinert angeboten. Dabei wird davon ausgegangen, dass rohe Knochen (besonders Knochen junger Tiere) weniger gefährlich sind, da sie nicht zum Splittern neigen und somit den Verdauungstrakt nicht schädigen.

Rein ernährungsphysiologisch handelt es sich durchaus um eine gesunde Ernährung, die ja tatschlich der Ernährung des Hundes bzw. der seiner Vorfahren und Verwandten in freier Wildbahn zu einem großen Teil entspricht. Dennoch birgt das Barfen auch Risiken, die man nicht unterschätzen sollte.

Zu glauben, rohes Muskelfleisch, Obst und Gemüse sowie ein paar Spritzer Öl stellen bereits eine ausgewogene Barfration dar, ist ein weit verbreiteter und gefährlicher Irrglaube. Um in einer Ration mehr oder weniger die Zusammensetzung eines Beutetieres in seiner Gesamtheit nachzuahmen, bedarf es weit mehr als der oben genannten Zutaten, bei denen eine Vielzahl lebenswichtiger Nährstoffe teilweise beziehungsweise gänzlich fehlt!

Selbst eine ausgewogene Barfration bedarf neben einer Vielzahl verschiedener Zutaten am Ende oftmals noch der speziellen Ergänzung einiger weniger Vitamine und Spurenelemente. Zudem ernähren sich wild lebende Raubtiere u.a. von Insekten, Reptilien, Aas, teilweise Kot und seltener von Kürbis, Zucchini, grünem Salat etc. Aus diesem Grund lässt sich die vollständige Imitation der „natürlichen“ Ernährungsweise kaum oder nicht erreichen. Selbst das Füttern von ganzen Karkassen wäre bei ausschließlicher Verwendung immer einer Tierart nicht zu hundert Prozent „naturgetreu“.

VOR- UND NACHTEILE DER ROHFÜTTERUNG

Die Vorteile der Verfütterung roher Komponenten liegen zunächst einmal in der bestmöglichen Erhaltung der Nahrungseiweiße, die besonders durch langes Erhitzen denaturieren, sowie der Vitamine, die ebenfalls durch Lagerung, Verarbeitung (besonders durch Kochen) teilweise verloren gehen bzw. zerstört werden. Anders sieht es bei Getreide aus. Die enthaltene Stärke wird erst durch Hitzebehandlung für den Organismus verwertbarer bzw. verdaulicher gemacht.
Weitere Vorteile der Rohkostfütterung sind sicher eine optimale Akzeptanz seitens des Hundes durch eine hohe Schmackhaftigkeit sowie evtl. das Kauvergnügen am Knochen oder Ähnlichem.
Wie schon erwähnt, bietet die Fütterung selbst zubereiteter Rationen (roh oder auch gekocht) zudem heute fast die einzige Möglichkeit, die bestmögliche Kontrolle über die Art, Herkunft und Qualität der verwendeten Rohstoffe zu haben(Stichworte: Bioqualität und die sich daraus ergebenen Tierschutzkriterien, Nachhaltigkeit, Saisonalität, Regionalität, vegetarische Zutaten) und die Rationen individuell zusammenzustellen, wie es eine zunehmende Zahl der Hundehalter heute wünscht. Auch kann die Zusammensetzung mit tiermedizinischer Unterstützung ausgezeichnet an die individuellen Bedürfnisse und Vorlieben eines Hundes angepasst werden (Geschmack, Futterunverträglichkeiten, -allergien, Übergewicht, Erkrankungen z. B. von Magen und Darm, Leber, Niere, Bauchspeicheldrüse, der Haut usw., Laktation, Trächtigkeit, Aufzucht, Wachstum).
Nicht zuletzt stellen multiple Erkrankungen zwar eine Herausforderung dar (Beispiel Futtermittelallergie und Nierenerkrankung), die mithilfe fachkundiger Beratung jedoch gemeistert werden können.
Interessant: 10–30 % aller an einer Futtermittelallergie leidenden Hunde sprechen im Sinne einer Besserung der Erkrankung und Symptomfreiheit nicht auf kommerzielle, also industriell hergestellte „Ausschlussdiäten“ (siehe S. 112) an, wohl aber auf selbst zubereitete Rationen. Zudem existieren Hunde, die keinerlei kommerzielles Futter, wohl aber selbst zubereitetes Futter „vertragen“. Der Vollständigkeit halber sei erwähnt, dass es auch Hunde gibt, bei denen es anders herum ist und die mit industriell hergestellten Fertigfuttermitteln besser zurechtkommen als mit frisch zubereiteten Rationen. Wie eingangs erwähnt: Das beste und für jeden Hund geeignete Futter gibt es nicht!
Barfrationen zeichnen sich zudem in der Regel durch eine hohe Verdaulichkeit und somit optimale Verwertung aus. Diese kann bei guten Fertigfuttermitteln bei 80–85 % liegen, selbst zubereitete Futterrationen erreichen meist mehr als 90 %.
Gemäß der sogenannten Hygienetherorie (siehe Bucksch, Wenn Futter krank macht) neigen Individuen, die in einer „sterilen“, keimfreien Umgebung aufwachsen oder hauptsächlich prozessierte Nahrung (kommerzielles Fertigfutter) erhalten, eher dazu, Allergien zu entwickeln, da ihr körpereigenes Abwehrsystem vereinfacht ausgedrückt „arbeitslos“ ist und sich dementsprechend Beschäftigungsalternativen sucht, die darin gipfeln, dass es auf Stoffe in seiner Umgebung (allergisch) reagiert, auf die es ansonsten weder reagieren müsste noch würde. Frische oder gar rohe Nahrung hingegen liefert dem Immunsystem ausreichend „Beschäftigung“, was letztendlich zu seiner Schulung und Stär-

Zu engen Kontakt aus hygienischen Gründen meiden!

kung beiträgt. Gerade das darmeigene Immunsystem stellt den umfangreichsten Teil der körpereigenen Abwehr dar und ist somit in beide Richtungen empfänglich.
Selbst zubereitete Rationen können hier also einen wichtigen Beitrag zur Gesundheit leisten. Laut einer 2007 veröffentlichten Studie zeigten Nachkommen von Hündinnen, die während der Laktation ausschließlich selbst und frisch zubereitete Futterrationen erhielten, um 50 % weniger Umweltallergien im Vergleich zu den Nachkommen derjenigen Hündinnen, die während der besagten Phase kommerzielles Fertigfutter erhielten (Noedtvet, Anne 2007).
Die Nachteile dieser Art der Ernährung liegen vor allem in der möglichen Aufnahme von Keimen und Parasiten über die Nahrung. Zwar wird stets argumentiert, dass die Magensäfte (besonders der stark saure pH-Wert) des Hundes Keime abzutöten in der Lage seien (Hunde fressen in der Natur auch Aas). Dies ist, wie wir bereits gesehen haben, jedoch nur zum Teil korrekt und es besteht durchaus die Möglichkeit bakterieller Vergiftungen bzw. Erkrankungen. Ein diesbezüglich sehr wichtiger Aspekt ist die Möglichkeit, dass (z. B. im Fall von Salmonellen) der Hund selbst keine klinischen Anzeichen einer Vergiftung bzw. Infektion zeigt, jedoch zum Träger und Ausscheider der entsprechenden Erreger wird. Dies bedeutet, der Hund ist selbst nicht krank, beherbergt aber Krankheitserreger in seinem Verdauungstrakt, die er sporadisch oder permanent mit dem Kot ausscheidet, also an seine Umgebung abgibt.

ÜBERTRAGUNG VON KRANKHEITEN

Zu den Krankheitserregern, die über den Hund zum Menschen gelangen und für diesen eine Gefahr darstellen können, zählen sowohl Parasiten (Rund- und Bandwürmer, besonders gefährlich für den Menschen ist der Fuchsbandwurm Echinococcus), Bakterien, Viren und einzellige Parasiten wie Toxoplasmen.
Besonders für immunsupprimierte Patienten (beispielsweise AIDS-Patienten, mit Chemotherapeutika behandelte Patienten) aber auch Kleinkinder, schwangere Frauen und ältere Menschen kann dies gefährlich sein. Lebt dieser Personenkreis im Haushalt, ist zumindest die Verfütterung rohen Fleisches und tierischer Nebenprodukte zu überdenken bzw. zu unterlassen. Gleiches gilt für Hunde, die beispielsweise in Krankenhäusern oder anderen entsprechenden Einrichtungen als Therapiehunde eingesetzt werden oder Zugang zu Lebensmittelbetrieben haben.
Anders verhält es sich mit Obst, Gemüse, Kräutern, Milchprodukten und Molkereiprodukten. Hier bestehen keine ernsthaften Risiken. Obst und Gemüse sollte lediglich gründlich gewaschen werden.
Welche Futtermittel nur gekocht verwendet werden dürfen, ist auf S. 90 beschrieben.

MEIN RAT

Ich persönlich finde die ausschließliche Rohfütterung aus einigen der hier genannten Gründe zumindest für die Hunde von Risikopersonen problematisch, auch wenn sie – Ausgewogenheit und sorgsame Berechnung der Rationen vorausgesetzt – aus ernährungsphysiologischer Sicht für viele Hunde sicher die „naturnaheste", hochwertigste und gesündeste Fütterungsmethode darstellt.
Aus meiner Praxiserfahrung kann ich zudem immer wieder bestätigen, dass gebarfte Hunde (vorausgesetzt, einige Regeln wie Mineralstoffergänzung werden sorgsam eingehalten) grundsätzlich einen sehr gesunden, vitalen und

aufmerksamen Eindruck machen, ein schöneres Fell haben sowie meist eine schlankere Figur. Auch wird berichtet, dass roh ernährte Hunde einen besseren Körpergeruch, weniger Mundgeruch und Zahnprobleme zeigen.

„FLEXITARIER"

Wer für Abwechslung auf dem Speiseplan seines Hundes sorgen möchte, kann sich auch einfach einige Rezepte der Barfer zu eigen machen, ohne auf kommerzielles Alleinfutter oder selbst zubereitete (gekochte) Futterrationen zu verzichten. Viele Hunde nehmen gerne Obst und Gemüse, Kräuter oder auch Nüsse, evtl. mit etwas tierischem Fett, Pflanzenöl und/oder Molkereiprodukte wie Buttermilch, Kefir und Joghurt kombiniert zu sich.

BLUTUNTERSUCHUNGEN

Kommerzielle Labore bieten für gutes Geld sogenannte „Barf-Profile" an, die einen ernährungsbedingten Nährstoffmangel anzeigen sollen. Diese Bluttests taugen, um es einfach auszudrücken, wenig in Bezug auf die meisten getesteten Parameter.
Die Gründe hierfür liegen unter anderem darin, dass die sogenannte „Homöostase" verhindert, dass der Gehalt bestimmter Stoffe im Blut schwankt, da dies gravierende Folgen hätte. Das Kalziumlevel im Blut wird beispielweise stets aufrechterhalten, selbst dann, wenn in der Nahrung viel zu wenig Kalzium enthalten ist. Im Zweifel findet man ein normales Kalziumlevel im Blut vor, da im Fall eines Versorgungsdefizits Kalzium aus den Knochen mobilisiert und in die Blutbahnen geschleust wird. Spontane Knochenbrüche nach einigen Jahren könnten die Folge sein. Ähnlich verhält es sich im Fall eines Jodmangels, der zu einer Schilddrüsenunterfunktion führen kann. Dies würde man nach langen Zeiträumen anhand der niedrigen Schilddrüsenhormonwerte im Blut zu sehen bekommen. Allerdings stellte auch dies wieder eine Spätfolge dar und viele Folgeschäden beim Hund wären bereits entstanden.

RATIONSANALYSE

Die Alternative zu Bluttests ist in der Regel preiswerter und erheblich effizienter und besteht in der (ggf. computergestützten) Rationsanalyse, die es ermöglicht, Defizite bzw. eine Überversorgung in der Ration aufzuzeigen. So können, falls erforderlich, die Rationen korrigiert werden, sodass es nicht zu Spätfolgen kommt.
Für einige wenige Parameter können die genannten Bluttests zumindest zu einem Teil hilfreich sein, z. B. wenn bereits längere Defizite vermutet oder erkannt wurden und es die möglichen Spätfolgen aufzuzeigen gilt.
Wichtig: Zu ernsten gesundheitlichen Folgen aufgrund fehlerhafter bzw. defizitärer Futterrationen kommt es bei gesunden, ausgewachsenen Hunden in der Regel nicht vor zwei bis drei Monaten (vorbehaltlich einer wenigstens angemessenen Energie- und Eiweißmenge in der Ration). Auch aus diesem Grund ist die Durchführung einer sogenannten Eliminationsdiät auf der Basis von beispielsweise ausschließlich Pferdefleisch und Süßkartoffeln zur Feststellung bzw. zum Ausschluss einer Futtermittelallergie aus tiermedizinischer Sicht für einen Zeitraum von bis zu 12 Wochen bedenkenlos!

Liste zum Erstellen einer Rationsanalyse

WARUM BARFEN?
— *Ein Interview mit Dr. Danja Klüver*

Die Tierärztin und Ernährungsberaterin Dr. Danja Klüver hat sich auf BARF spezialisiert. Hier erklärt sie die Besonderheiten und was dabei zu beachten ist.

Wie kamen Sie zum Barfen?

Da ich auf dem Lande aufgewachsen bin, habe ich von klein auf einen engen Bezug zur Natur und Umwelt bekommen. Ich habe erfahren, wie positiv sich alles, was natürlichen Ursprungs ist, auf Körper und Geist auswirkt.

Danja Klüver und ihre Labrador-Hündin Biene

Während meiner ersten Berufsjahre als Tierärztin bin ich schulmedizinisch schon früh an therapeutische Grenzen gestoßen, weshalb ich mich intensiv mit alternativen Heilmethoden beschäftigt habe. Durch meine vierjährige Zusatzausbildung in der klassischen Homöopathie habe ich mich mit verschiedenen Themen – wie dem Impfen, der Wirkungsweise von Schulmedizin auf den Körper und der industrialisierten Ernährung – kritisch auseinandergesetzt.

Was sind die Vorteile von BARF?

Fertignahrung ist – selbst durch die Deklaration – in ihrer wirklichen Zusammensetzung und Qualität nicht ganz durchschaubar. Man muss immer einen gewissen Vertrauensvorschuss in die Angaben des Herstellers mitbringen. Außerdem werden bei dem Verarbeitungsprozess des Futters natürliche Inhaltsstoffe wie Vitamine zerstört, die am Ende des Herstellungsprozesses dann künstlich wieder zugesetzt werden. Beim Barfen weiß man genau, was im Napf ist.

Mir wird immer wieder von Tierhaltern bestätigt, dass ihre Hunde vom Barfen gesundheitlich erheblich profitieren. Bestehende Krankheiten bessern sich oft.

Beim Barfen weiß man genau, was in den Napf kommt.

Ist BARF das Beste für JEDEN Hund?

Fütterung ist individuell. Nicht jeder Hund verträgt oder mag rohes Futter. Deshalb kann man nicht sagen, dass Barfen das Beste für jeden Hund ist. Vitale Hunde, die eine gesunde Konstitution mitbringen, können auch ein gesundes langes Leben mit Fertignahrung leben.

Außerdem muss auch das Umfeld mit in diese Entscheidung einbezogen werden:

Hat der Hundehalter genug Zeit zum Barfen? Gibt es gesundheitliche Bedenken bei Familienangehörigen?

Prinzipiell kann jeder Hund gebarft werden, auch wenn er unter Organkrankheiten leidet, nur muss die Ration dann diätetisch entsprechend der Erkrankung zusammengestellt werden. Vor allem Allergiker profitieren von der Möglichkeit, dabei ganz individuelle Rationen zusammenstellen zu können.

Muss ich bei gebarften Hunden regelmäßig Kotuntersuchungen durchführen?

Würmer werden in erster Linie über das Schnuppern an anderen Kothaufen übertragen. Fütterungsunabhängig sollten deshalb regelmäßig Kotuntersuchungen vorgenommen werden. Etwa 80 % der Hunde haben keine Würmer, weshalb Kotuntersuchungen der „Blind-Entwurmung“ vorzuziehen sind. Die Untersuchung auf pathogene Keime halte ich nur in Sonderfällen (immunsupprimierte Personen) für notwendig.

Wie sinnvoll sind spezielle Bluttests, um mögliche Nährstoffmängel in der Barfration aufzudecken?

Viele Labore bieten inzwischen Barfer-Profile an, um der wachsenden Nachfrage gerecht zu werden. Faktisch sind diese Blutuntersuchungen nicht sinnvoll, weil Fehlernährungen dabei nicht aufgedeckt werden. Wer das prüfen will, kommt um eine professionelle Rationsberechnung nicht herum.

Rohe Knochen befriedigen auch das Nagebedürfnis.

ALTERSGEMÄSSE ERNÄHRUNG

— *und Unverträglichkeiten*

ALTER UND BEANSPRUCHUNG

Ob große oder kleine Rassen, junge oder alte Hunde, sportliche oder eher gemütliche Vierbeiner – gerade bei der Ernährung sind die individuellen Ansprüche ganz unterschiedlich.

Wie beschrieben (siehe S. 19) wird der Nährstoffbedarf eines Hundes nicht pro kg Körpergewicht, sondern pro kg Stoffwechselgewicht berechnet. Zudem variiert der Bedarf besonders einiger Nährstoffe in Anhängigkeit von Leistung (Kalorienbedarf) und Aktivität, Rasse oder Felltyp, Alter (Wachstum, Senior), während der Trächtigkeit und Laktation sowie bei bestimmten Erkrankungen.

DIE TRÄCHTIGE HÜNDIN

Während der ersten Hälfte der Trächtigkeit haben Hündinnen einen kaum erhöhten Energiebedarf, verglichen mit einem normalen, ausgewachsenen Hund. Erst ab der 5. Woche muss der Energiegehalt des Futters angepasst werden. Am 40. Tag der Trächtigkeit hat der Fötus erst 5,5 % seiner Masse erreicht. Nach dem 40. Tag wächst er exponentiell, und mit ihm steigt in gleichem Maße der Energie- und Nährstoffbedarf der Hündin. Generell lässt sich also sagen, dass ein wesentlich erhöhter Bedarf an Energie und Nährstoffen vor allem während des letzten Drittels der Trächtigkeit besteht. Der Energiebedarf der Hündin während der Trächtigkeit kann je nach Anzahl der Föten bis zum Dreifachen erhöht sein.
Der Höhepunkt ist zwischen der 6. und 8. Woche erreicht. Der Energiebedarf ist am höchsten in der letzten Trächtigkeitswoche. Da die Gebärmutter besonders bei großen Rassen (hohe Welpenzahl) ein großes Volumen erreicht und einen Großteil der Bauchhöhle füllt, kann die Futteraufnahme sinken. Dem Energiebedarf folgt der Proteinbedarf. Dieser steigt ebenfalls auf 40–70 % zusätzlich zum Erhaltungsbedarf. Besonders wichtig ist hier die Qualität des Futters, da für das Wachstum des Fötus besonders essenzielle Aminosäuren benötigt werden. Proteingehalte von mindestens 35 %, bezogen auf die Trockensubstanz eines Fertigfutters, sind empfehlenswert. Zur Steigerung von Verdaulichkeit, Qualität und Energiedichte ist ein hoher Fettgehalt (10–25 % bezogen auf die Trockensubstanz) sinnvoll.
Der Kohlenhydratanteil sollte bei über 20 %, bezogen auf die Trockensubstanz, liegen. Auch der Kalzium- und Phosphorbedarf steigt während der letzten 35 Tage der Trächtigkeit um ca. 60 %.

Werdende Mütter haben besondere Nährstoffbedürfnisse.

RINDERLEBER
Für trächtige Hündinnen ist die Zugabe von 1 g Rinderleber pro kg Körpergewicht/Tag besonders zu empfehlen, da diese eine Fülle weiterer wichtiger Nährstoffe enthält (essenzielle Fettsäuren, Cholesterin, Vitamine, Spurenelemente).

Zusammenfassend können wir sagen, dass besonders während des letzten Drittels der Trächtigkeit ein wesentlich erhöhter Bedarf an Energie, Eiweiß, Kalzium und Phosphor sowie weiterer Nährstoffe besteht. Es wird also die Fütterung eines hochwertigen, hochverdaulichen und energiedichten Futters mit einem hohen Phosphat- und Kalziumgehalt empfohlen. Besonders wichtig: füttern Sie häufig! Die Gebärmutter besetzt einen Großteil des Bauchraumes zu Lasten des Magens.

DIE SÄUGENDE HÜNDIN

Der Nährstoffbedarf säugender Hündinnen hängt im Wesentlichen von der Anzahl der Welpen und somit der produzierten Milchmenge ab.

Ein Beispiel: Eine Deutsche Schäferhündin mit 6 Welpen kann während der 3. und 4. Laktationswoche ca. 1,7 Liter Milch pro Tag produzieren. Ab der 5. Woche sinkt die produzierte Milchmenge, da die Welpen beginnen, selbstständig Nahrung aufzunehmen. Idealerweise sollte eine Hündin direkt nach dem Werfen 5–10 % mehr Körpergewicht als vor dem Deckakt haben.

Der Energiebedarf der Hündin steigt je nach Wurfgröße während der Laktation auf das Zwei- bis Vierfache und mehr. Angebotenes Futter sollte daher schmackhaft, von hoher Energiedichte (1,8–2,0 MJ metabolisierbare Energie pro 100 g Trockensubstanz), proteinreich und hoch verdaulich sein. Der Anteil tierischen Proteins sollte mindestens 50 % betragen und die Proteinquellen von hoher biologischer Wertigkeit sein.

Während der normale Kalziumbedarf einer 30 kg schweren Hündin bei 1.700 mg liegt, steigt dieser auf 4.600 mg während der Trächtigkeit und bei einer Wurfgröße von 8 Welpen auf 11.700 mg während der Laktation (jeweils pro Tag). Der Energiebedarf in MJ/Tier steigt entsprechend von 5,1 MJ auf 10,2 MJ und schließlich während der Laktation auf 25 MJ. (Quelle: Dillitzer, Tierärztliche Ernährungsberatung, 2012)

Der Nährstoffbedarf der Hündin steigt mit der Welpenzahl.

WELPEN UND JUNGHUNDE

In den ersten drei Lebenswochen ernähren sich Welpen ausschließlich von Muttermilch. Ab der vierten Woche kann bereits damit begonnen werden, kommerzielles Welpenfutter (Feuchtfutter oder aufgeweichtes und zu Brei verrührtes Trockenfutter) oder selbst zubereiteten Futterbrei zuzufüttern. Nach dem Absetzen sollte das Welpenfutter hochverdaulich und mit einem hohen Gehalt an hochwertigem Protein, Energie und Nährstoffen sein. Mit fünf Monaten haben Welpen je nach Rasse 50 % ihres Endgewichtes er-

Welpen dürfen nicht zu schnell wachsen, daher regelmäßig das Gewicht kontrollieren!

reicht. Bis dahin ist der Energiebedarf etwa doppelt so hoch wie der eines ausgewachsenen Hundes.

DER WACHSTUMSVERLAUF

Das zu erreichende Endgewicht eines Hundes und damit seine Körpergröße sind genetisch festgelegt. Welpen, die zu viel Futter bzw. zu viel Energie erhalten, werden in der Regel nicht „zu dick", wachsen jedoch zu schnell. Das Fatale daran ist, dass dem Betrachter deshalb eine mögliche Energieüberversorgung und das zu schnelle Wachstum entgehen können. Besonders für große und Riesenrassen kann ein zu schnelles Wachstum verheerende Auswirkungen auf die Skelettbildung mit entsprechenden Folgeerkrankungen haben. Um den Wachstumsverlauf des Welpen optimal verfolgen und die Fütterungspraxis gegebenenfalls anpassen zu können, bieten fachkundige Tierärzte oder entsprechende Institute an tierärztlichen Hochschulen die Erstellung einer sogenannten Wachstumskurve an. Diese wird anhand von Geburtsdatum sowie Ausgangsgewicht des Welpen sowie des zu erwartenden Endgewichts (im Idealfall das Gewicht des idealgewichtigen, gleichgeschlechtlichen Elternteils) computergestützt berechnet und zeigt graphisch, in Form einer Kurve dargestellt, den idealen Wachstumsverlauf des Welpen in Kg pro Lebenswoche. (siehe S. 37)

Die Hauptwachstumsphase eines Welpen liegt zwischen dem 3. und dem 6. Monat. Am Ende flacht die Kurve deutlich ab, wobei das Wachstum insgesamt je nach Größe des Hundes in einem Alter zwischen neun Monaten (Zwergrassen und kleine Rassen) und einem Jahr (mittelgroße Rassen) abgeschlossen ist. Große und Riesenrassen wachsen bis zu einem Alter von 1,5–2 Jahren.

ENERGIE- UND KALZIUMBEDARF

Hunde im Wachstum weisen im Vergleich zu ausgewachsenen Hunden einen unter anderem deutlich erhöhten Kalziumbedarf auf, um die optimale Mineralisierung des wachenden Skelettapparates zu gewährleisten. Wer nun glaubt, er könne den hierfür erforderlichen Bedarf über eine Erhöhung der Gesamtfuttermenge (z. B. eines Adultfutters) decken, liegt falsch, hätte dies ja auch eine stark erhöhte Energiezufuhr und hierdurch wiederum ein zu schnelles Wachstum des Welpen zur Folge, mit entsprechenden medizinischen Folgen.

WELPENFUTTER FÜR HÜNDINNEN

Welpenfutter können sowohl für laktierende als auch für trächtige Hündinnen verwendet werden.

Besonders bei selbst zubereiteten Futterrationen, aber auch bei kommerziellen Futtermitteln sollte also stets auf den Energiegehalt (Wachstumsgeschwindigkeit) sowie auf den Kalzium- und Phosphatgehalt geachtet werden, da eine Energieüberversorgung sowie Fehlversorgungen besonders der beiden Mengenelemente Kalzium und Phosphor (zu hoher oder zu niedriger Gehalt eines oder beider Elemente, ein falsches Verhältnis der beiden zueinander) eine Vielzahl von Skelettbildungsstörungen und daraus resultierende Skeletterkrankungen verursachen oder eine bestehende Veranlagung ungünstig beeinflussen können. Das Verhältnis von Kalzium und Phosphor soll idealerweise zwischen 1,3 : 1 und 1,5 : 1 liegen. Kommerzielle Welpenfutter sollten diesen Nährstoffbedürfnissen Rechnung tragen.

Die oft und auch teilweise von Züchtern geäußerte Meinung, es genüge, bis zu einem Alter von sechs Monaten ein Welpenfutter zu verabreichen, gefolgt von der Umstellung auf ein Adultfutter, ist falsch. Die Dauer der Verabreichung eines Welpenfutters richtet sich nach der zu erwartenden Körpermasse des ausgewachsenen Individuums/der Rasse. Während Individuen von Zwergrassen mit einem Dreivierteljahr bereits praktisch ihr Körperwachstum abgeschlossen haben, wachsen große Rassen bis zu einem Alter von 1½ Jahren, Riesenrassen gar bis zu einem Alter von zwei Jahren, auch wenn sich das Wachstum zunehmend verlangsamt (siehe Wachstumskurve S. 37).

Wie lange ein Welpenfutter gegeben wird und wann ggf. bereits auf ein „Juniorfutter“ gewechselt werden kann, hängt außerdem von der Zusammensetzung des kommerziellen Futters ab.

ANZAHL DER MAHLZEITEN

Da der Magen eines Welpen zunächst ein geringes Fassungsvermögen hat, füttern Sie mehrmals täglich:
4-mal täglich bis zum vierten Lebensmonat,
3-mal täglich bis zum sechsten Monat,
ab dem sechsten Monat 2-mal täglich.

DER ALTERNDE HUND

Es ist schwierig, genau zu sagen, ab wann ein Hund alt ist. Während eine Dogge mit sieben Jahren vielleicht schon als alt zu bezeichnen ist, ist es der Yorkshire Terrier oder Dackel vielleicht erst ab einem Alter von zehn Jahren. Generell ist die Aussage möglich, dass größere

Hunderassen schneller altern als kleine. Ausnahmen gibt es allerdings auch hier. Regelmäßige Harn- und Blutuntersuchungen sowie weitere Vorsorgeuntersuchungen erscheinen besonders bei Senioren äußerst sinnvoll, nicht zuletzt, um frühzeitig Erkrankungen oder Trends in den Blutparametern erkennen zu können, die eine entsprechende Anpassung besonders einiger Nährstoffe erforderlich machen könnten (Eiweiß, Phosphat). Besonders bei Nierenerkrankungen gilt: Je früher ein Problem erkannt wird, umso mehr lassen sich die (geschädigten) Organe diätetisch entlasten, zumal Nierengewebe so gut wie gar nicht regeneriert.

ERNÄHRUNGSREGELN

— Zunächst sollte sichergestellt werden, dass der Hundesenior gesund ist (jährliche Routineuntersuchungen, sogenannte Geriatrie-Checks usw.).
— Da viele Körperfunktionen mit zunehmendem Alter nachlassen, werden Nährstoffe unter Umständen nicht mehr so gut vom Körper aufgenommen wie bei jüngeren Tieren. Daher ist es wichtig, dass Zutaten hochwertig und leicht verdaulich sind.
— Generell neigen Menschen und Tiere mit zunehmendem Alter dazu, Fett auf- und Muskelmasse abzubauen. Daraus und aus der meistens verringerten körperlichen Aktivität folgt ein herabgesetzter Energiebedarf, der sich im Futter niederschlagen muss.
— Entgegen vielen Behauptungen haben alte Hunde (eine normale Nierentätigkeit vorausgesetzt) keinen verringerten Eiweißbedarf.

Alter Hund mit speziellen Bedürfnissen

Kommerzielle Fertigfutter für Hunde ab einem bestimmten Alter (sogenannte Seniorfutter) berücksichtigen diese Bedürfnisse. Wer das Futter selbst zubereitet, sollte vor allem darauf achten, ausgewogenes Futter zu verwenden. Reduzieren Sie den Energiegehalt, indem Sie z. B. fettreicheres Fleisch durch mageres ersetzen oder stärkereiches Gemüse (Kartoffeln, Süßkartoffeln, gekochte Karotten oder auch Reis) durch faserreiches (Brokkoli, Zucchini etc.). Ersetzen Sie minderwertige Schlachtabfälle durch z. B. kleine Mengen Leber, vor allem aber hochwertiges Muskelfleisch.
Der Energiegehalt eines Seniorfutters oder selbst zubereiteter Futterrationen sollte um 20–25 % reduziert sein. Vorsicht aber: Eine Reduzierung der Gesamtmenge des verwendeten Futters würde eine Reduzierung aller Nährstoffe bedeuten, deren Bedarf im Alter aber durchaus über dem Normalen liegen kann.
Die Eiweißzufuhr sollte bei gesunden Tieren fortgeschrittenen Alters weder erhöht noch verringert werden. Sicher vorteilhaft, insbesondere bei selbst hergestellten Rationen, ist die Verwendung leicht verdaulicher, biologisch hochwertiger Eiweißträger.
Ein höherer Nährstoffbedarf besteht bei älteren Hunden bei den Elementen Zink (ca. 2-fach), den meisten Vitaminen, essenziellen Fettsäuren sowie den sogenannten Antioxidantien (Vitamin E, C, L-Carnithin etc.). Hier kann eine entsprechende zusätzliche Ergänzung durchaus sinnvoll erscheinen. Beraten Sie sich mit Ihrem Tierarzt.

COUCHPOTATO ODER RENNMASCHINE

Als Leistungshunde können wir Tiere bezeichnen, die mehr als drei Stunden täglich aktiv sind, also Sport- und Gebrauchshunde wie beispielsweise Schlittenhunde, Jagdhunde, Rennhunde oder auch Tiere, die mit Frauchen oder Herrchen joggen gehen oder täglich am Fahrrad laufen, intensives Agilitytraining absolvieren usw. Diese Hunde haben natürlich einen höheren Energiebedarf verglichen mit einer Couchpotato bzw. einem Hund, der zwei Stunden am Tag an der Leine ausgeführt wird. Wir wissen, dass zusätzliche Energie in Form von (zusätzlichen) Kohlenhydraten, aber auch von Fett zur Verfügung gestellt werden kann. Gleichzeitig muss aber auch die Menge der übrigen lebenswichtigen Nährstoffe erhöht werden. Berücksichtigen Sie dies, wenn Sie Futter selbst zubereiten. Ansonsten erkundigen Sie sich bei Ihrem Tierarzt oder im Fachhandel nach speziellen Fertigfuttern.

MEHR LEISTUNG ÜBER MEHR ENERGIE

Grundsätzlich sollten Hunde, die in kürzester Zeit sportliche Höchstleistungen erbringen (Rennhunde), zusätzliche Energie vor allem in Form von Kohlenhydraten erhalten, da diese schneller verwertet werden können. Bei Hunden, die über längere Zeiträume Ausdauerleistung erbringen (Schlittenhunde, Jagdhunde, etc.), kann eine Steigerung der enthaltenen Energie auch über eine erhöhte Fettzufuhr erfolgen. Beachten Sie generell, dass ein erhöhter Energie- und Nährstoffbedarf lediglich für die Tage vermehrter Aktivität gilt. An normalen Tagen bzw. außerhalb der Saison besteht ein weitgehend normaler Energiebedarf (siehe DER, S. 39).
Während Renn- oder Gebrauchshunde wie etwa Führhunde nur einen geringfügig erhöhten Energiebedarf haben, können Sie bei einem Jagd- oder Hütehund von einem doppelten, bei Schlittenhunden etwa von einem dreifachen Energiebedarf und mehr, verglichen mit einem normalen Hund, ausgehen. Dies sind jedoch nur grobe Richtlinien. Nur mittels regelmäßiger Gewichtskontrolle und Beurteilung des Gesamtzustandes sowie der Leistungsfähigkeit des Individuums lässt sich sagen, ob Ihr Hund ein in der Nährstoffzusammensetzung und im Energiegehalt optimales Futter erhält.

FÜTTERUNGSZEIT

Die Fütterung sollte ca. zwei Stunden nach der Aktivität erfolgen und nicht vorher, damit ein zu voller Magen nicht behindernd wirkt. Eine kleinere, leicht verdauliche Mahlzeit kann und sollte jedoch, besonders bei Sprintern, einige Stunden vor Beginn der Aktivität verabreicht werden, um der Gefahr einer Unterzuckerung vorzubeugen.

BESTIMMTE RASSEN UND GRÖSSEN

Im Handel sind Futter für Hunde unterschiedlicher Rassen erhältlich. Einiges deutet darauf hin, dass langhaarige Hunderassen von einem erhöhten Gehalt an schwefelhaltigen Aminosäuren profitieren. Große Rassen wie z. B. Doggen und auch Labradors können in einigen Fällen dazu neigen, auf Feuchtfutter mit weichem Kot und Blähungen zu reagieren. Sollten Sie dies feststellen, probieren Sie, auf Trockenfutter umzustellen. Aber abgesehen hiervon gibt es nur wenige Hinweise darauf, dass ein spezielles Futter für eine bestimmte Rasse unbedingt nötig oder besonders vorteilhaft ist . Achten Sie stattdessen auf individuelle Unverträglichkeiten und Vorlieben Ihres Hundes.
Der beste Indikator ist und bleibt hier die Verdauung (keine Durchfälle, Blähungen etc.; wenige und gut geformte Kothaufen).

Spiel und Spaß müssen sein.

Ach Du dicker Hund … schlank lebt sich's in der Regel länger.

DER ÜBERGEWICHTIGE HUND

Grundsätzlich birgt auch beim Hund Übergewicht durch Verfettung (Adipositas) die Gefahr der Entstehung einer Vielzahl ernsthafter Erkrankungen. Fettleibigkeit wird fälschlicherweise oft vom Tierhalter nicht als Krankheit begriffen und auch von vielen Tierärzten zu wenig als solche angesprochen. Dabei handelt es sich sogar um eine der häufigsten und in meinen Augen gravierendsten Erkrankungen, die Ursache verschiedener Folgeerkrankungen wie Arthrose, Herz-Kreislauferkrankungen, Diabetes usw. sein kann. Sie ist auch ein wichtiger Faktor bei der Verschlechterung zahlreicher bereits vorbestehender Erkrankungen. Von Adipositas sprechen wir bei einer Überschreitung des Idealgewichts von über 20 %. Ab einer 10 %igen Überschreitung spricht man von beginnendem Übergewicht. Die Lebenserwartung eines übergewichtigen Hundes sinkt im Schnitt um 20 %! Ein Hund, der normalerweise ein Alter von zehn Jahren erreichen kann, würde demzufolge gerade einmal acht Jahre alt. Ein häufiger Grund dafür, dass Hunde Übergewicht entwickeln, liegt in der Überschätzung des Energiebedarfs seitens des Halters bzw. in einem Energieüberangebot durch Belohnungsartikel, Kauartikel, Snacks etc.

Der Kalorienbedarf eines Hundes sinkt

- mit zunehmendem Alter,
- nach der Kastration,
- bei bzw. nach Erkrankungen, die zu verringerter Aktivität führen,
- saisonal und wetterbedingt durch reduzierte Aktivität (Winterspeck).

LIGHTFUTTER

Viele so genannte Lightfutter enthalten laut Untersuchungen des Magazins Öko-Test (Heft 4/2011) zwar die erforderlichen Nährstoffprofile (Vitamine, Mineralstoffe), jedoch in einigen Fällen nicht die für eine Gewichtsreduktion erforderliche Energiereduktion von 30–40 %. Daher Augen auf beim Kauf! Im Zweifel und wenn der Wunsch besteht, die Gewichtsreduktion mithilfe eines kommerziellen Fertigfutters zu unterstützen, lohnt der genaue Blick (und Vergleich mit normalen Adultfuttermitteln) auf den Energiegehalt (verglichen mit einem normalen Futtermittel).

Für eine Erhöhung des Körpergewichtes können jedoch auch bestimmte Erkrankungen die Ursache sein. Ist der Hund übergewichtig, sollten Sie zunächst tierärztlichen Rat einholen und feststellen lassen, ob außer Ernährungsfehlern und/oder mangelnder Aktivität unter Umständen medizinische Gründe vorliegen (besonders hormonelle Erkrankungen können die Ursache sein).

Ist dies nicht der Fall, kann Ihr Tierarzt eine spezielle Reduktionsdiät verschreiben oder Sie bezüglich einer Futterumstellung bzw. -reduzierung beraten. Eine Reduktionsdiät basiert auf dem Prinzip einer deutlichen Kalorienreduktion bei einer ausreichend gewährleisteten Versorgung mit allen anderen lebenswichtigen Nährstoffen. Insbesondere für die Verfechter selbst zubereiteter Diäten gilt einmal mehr: Lassen Sie sich von fachkundigen Ernährungsberatern bei der Wahl der Zutaten beraten und ggf. speziell kalkulierte Rationen zusammenstellen.

Es können unterstützend auch spezielle Medikamente zur Gewichtsreduktion eingesetzt werden, die die Fettaufnahme über den Darm einschränken.

FDH (= friss die Hälfte) ist ungeeignet, denn es bedeutet nicht nur eine 50 %ige Kalorienreduktion, sondern auch die Halbierung aller anderen lebensnotwendigen Nährstoffe. Zudem bekommen Sie vermutlich einen stets hungrigen, unter Umständen bettelnden (und unglücklichen) Hund, da kein ausreichendes Sättigungsgefühl erzeugt wird.

MEHR BEWEGUNG, ABER SCHONEND

Ähnlich wie bei uns Menschen spielt nicht nur die Ernährung, sondern insbesondere die tägliche Bewegung bzw. Aktivität eine entscheidende Rolle bei der Entstehung sowie der Behebung von Übergewicht. Oftmals kommt es zu einer Art Teufelskreis: Durch eine Gewichtszunahme kommt es zu einer

Gewichtsreduktion durch Bewegung

DICK TROTZ NORMALER FUTTERMENGEN?

Ist der Zustand der Verfettung nach einer Phase der Gewichtszunahme erst einmal erreicht, kann der Organismus diesen Zustand auch mit vergleichsweise normalen Futtermengen aufrechterhalten (ist das Körperfett erst einmal aufgebaut, hält es sich „auf kleiner Flamme"). Dies ist der Grund dafür, dass selbst ein (möglicherweise auch nicht ausreichend) kalorienreduziertes Lightfutter allein oftmals nicht oder nur schwer den gewünschten Erfolg (Gewichtsreduktion) erbringt.

Überlastung von Bewegungsapparat, Herz und Kreislauf. Daraus resultiert eine verringerte körperliche Aktivität. Der Energieverbrauch sinkt und somit kommt es zu einer weiteren Gewichtszunahme, auch bei gleich bleibender Futtermenge (Energiezufuhr). Ferner steigt das Risiko bestimmter Erkrankungen (Diabetes, Gelenkerkrankungen, Herzerkrankungen usw.). Hinzu kommt, dass Energie verbrauchendes Muskelgewebe zunehmend durch wärmeisolierendes und wenig Energie verbrauchendes Fettgewebe ersetzt wird.

GEWICHTSREDUKTION

Falls möglich, erhöhen Sie den Energieverbrauch über eine leichte bzw. allmähliche Steigerung der täglichen Aktivität.
Erstellen Sie einen Ernährungsplan. Hilfreich ist es, hierfür über einen bestimmten Zeitraum die täglich aufgenommene Futtermenge zu protokollieren (die Leckerlis nicht vergessen!), um die tägliche Kalorienmenge bestimmen zu können. Ziel ist es, die täglich aufgenommene Energiemenge langsam und schrittweise zu reduzieren.

Toben und rennen hält Hunde fit und schlank.

Auch für Hunde gilt: Ein zu schneller Gewichtsverlust ist eher gesundheitsschädlich. Ideales Ziel: ein Gewichtsverlust von maximal 1–2 % pro Woche. Hieraus ergibt sich für einen Hund mit 20 kg eine Gewichtsabnahme von ca. 1,5 kg innerhalb eines Monats. Wiegen Sie den Hund mindestens einmal pro Woche!
Möglichkeiten, um die tägliche Energiezufuhr zu drosseln:

- Umstellung auf ein kalorienreduziertes Futter (geeignete Lightprodukte oder besser verschreibungspflichtige, spezielle Reduktionsdiäten).
- Reduktion der täglichen Futtermenge (Vorsicht: sonstige lebenswichtige Nährstoffe müssen in bedarfsdeckender Menge enthalten sein).
- Reduktion der täglich verfütterten Menge an Leckerlis.

FETTARME ZUTATEN

Bei selbst zubereiteten Futterrationen ist eine gewisse Menge an hochwertigem Fett (mindestens 2 % der Gesamtration) unentbehrlich. Verwenden Sie kaltgepresste Pflanzenöle anstelle von tierischem Fett oder wenig , dafür aber hochwertiges tierisches Fett (z. B. Fischöl). Greifen Sie auf fettarmes Fleisch wie Geflügel oder fettarme Fischsorten zurück. Verwenden Sie Kartoffeln und Gemüse (z. B. Bohnen) anstatt Reis oder Nudeln, stärkearme Gemüsesorten wie Salat, Brokkoli oder Zucchini anstelle stärkereicher Gemüsesorten wie Kartoffeln oder Süßkartoffeln.
Durch die Zugabe von Rohfaser (z. B. Speisekleie oder Futterzellulose) verleihen Sie dem Futter Volumen und erzeugen bei Ihrem Hund ein Sättigungsgefühl. Bedenken Sie, dass das Kotvolumen dementsprechend erhöht sein kann!
Damit Ihr Hund auf den Knabberspaß nicht zu verzichten braucht, ersetzen Sie beispielsweise das Schweineohr durch getrocknete und besonders fettarme Rinderlunge oder durch rohe Karrottenstücke.

FÜTTERUNG KRANKER HUNDE

Kranke Hunde sowie Tiere nach überstandener Krankheit oder chirurgischen Eingriffen haben besondere Ernährungs- bzw. Nährstoffbedürfnisse. Viele Futterhersteller bieten entsprechend spezielle Diäten an. Hierbei handelt es sich um meist verschreibungspflichtige medizinische Spezialfutter, die nur nach Absprache mit dem Tierarzt gefüttert werden sollten. In einigen Fällen wird eine medizinische Diät nur für die Dauer der Erkrankung verabreicht, in anderen Fällen lebenslang. Die meisten dieser Diäten sind ungeeignet oder sogar kontraindiziert zur Fütterung gesunder Hunde. Für nähere Informationen wenden Sie sich bitte an Ihren Tierarzt oder an geschulte tierärztliche Fachangestellte.

EINGESCHRÄNKTE NIERENFUNKTION

Mit zunehmendem Alter steigt die Gefahr einer krankheitsbedingten Einschränkung der Nierentätigkeit. In der sogenannten subklinischen Phase sind derartige Niereninsuffizienzen nicht unbedingt für den Hundehalter sichtbar, können aber durch routinemäßige Blut- und Harnuntersuchungen festgestellt werden. Fragen Sie Ihren Tierarzt nach entsprechenden Vorsorgeuntersuchungen. Dies ist umso wichtiger, als bei eingeschränkter Nierenfunktion das Futter bestimmte Merkmale aufweisen muss: Der Phosphat-, Natrium- und Eiweißgehalt müssen reduziert sein (Eiweiß moderat). Dafür muss das enthaltene Eiweiß besonders hochwertig sein, damit es nicht zu einem Mangel essenzieller Aminosäuren kommt. Mit einer entsprechenden Diät lassen sich die geschädigten Nieren „umgehen“ und eine Verschlechterung der Erkrankung verhindern bzw. verzögern. Dagegen sollten Nierendiäten mit Omega-3-Fettsäuren angereichert werden und einen eher höheren Energiegehalt und eine gute Akzeptanz aufweisen, da Nierenpatienten oftmals einen verringerten Appetit zeigen. Es kann Bierhefe ergänzt werden, die appetitanregend wirkt und zusätzlich B-Vitamine liefert.
Auch die Tabelle „Diätetische Grundprinzipien bei einigen ausgewählten Erkrankungen“ in der hinteren Umschlagklappe erhebt keinen Anspruch auf Vollständigkeit und soll kein Ersatz für eine umfangreiche Beratung durch den Tierarzt hinsichtlich der Diätansprüche bei bestimmten Erkrankungen sein. Sie will lediglich einen groben Überblick über einige wichtige diätetische Prinzipien bei einigen häufigen Erkrankungen geben. Auch gilt das genannte Prinzip nicht zwingend bei jeder Erkrankung des besagten Organs oder Organsystems.

Nierenkranke Hunde benötigen spezielles Futter.

UNVERTRÄGLICHKEITEN UND BESCHWERDEN

Allergien, Hautkrankheiten usw. nehmen auch bei unseren Hunden zu. Die Ernährung kann hier eine große Rolle spielen.

FUTTERMITTELUNVERTRÄGLICHKEITEN

Grundsätzlich müssen wir eine Futtermittelintoleranz von einer echten Futtermittelunverträglichkeit im Sinne einer allergischen Erkrankung unterscheiden. Beide können jedoch zu ähnlichen Symptomen führen. Intoleranzen haben im Gegensatz zu echten „Futtermittelallergien" keinen immunologischen Hintergrund. Sie werden direkt und ohne Beteiligung des Immunsystems durch in der Nahrung enthaltene Substanzen ausgelöst. Dies kann innerhalb kürzester Zeit und ohne einen vorausgegangenen Kontakt mit der entsprechenden Substanz direkt nach der Aufnahme der einzelnen Futterration geschehen. Ein Beispiel hierfür ist Laktose (Milchzucker), die beim erwachsenen Hund oft zu Durchfällen führt, oder in Lebensmitteln enthaltenes Histamin sowie bakterielle Gifte. Im Gegensatz zu allergisch bedingten Unverträglichkeiten können hier die Krankheitszeichen von der aufgenommenen Menge abhängen. Bei allergischen Erkrankungen reicht oft bereits die kleinste Menge, um die Krankheitszeichen auszulösen.

Das Immunsystem spielt wie gesagt eine wichtige Rolle bei den „echten" Allergien auf Futterbestandteile, bei denen die körpereigene Abwehr auf Nahrungsbestandteile (= Allergene, zumeist Einweiße oder Eiweiß-Zucker-Verbindungen) reagiert, die es normalerweise tolerieren würde, und diese stattdessen bekämpft. Eine Voraussetzung hierfür ist, dass der entsprechende Nahrungsbestandteil bereits über einen längeren Zeitraum aufgenommen wurde, da das Immunsystem Zeit benötigt, um eine Abwehr gegen den entsprechenden Stoff aufzubauen.

Häufige Nahrungsallergene beim Hund sind z. B. Rind, Huhn, Mais, Milchprodukte, Eier, Fisch (einige Arten), Soja. Auf einige Konservierungsstoffe sind ebenfalls Reaktionen beschrieben worden, auch wenn ein direkter Zusammenhang zwischen der Entstehung von Allergien und Konservierungs- oder sonstigen Zusatzstoffen in anderen Studien nicht konkret belegt werden konnte.

KRANKHEITSZEICHEN

Unverträglichkeiten können in jedem Alter auftreten, oftmals auch schon bei sehr jungen Hunden. Folgende Krankheitsanzeichen können auf eine Unverträglichkeit hindeuten und sowohl einzeln als auch in Kombination und in unterschiedlicher Schwere auftreten:

GENESUNGSDAUER

Während sich Verdauungsbeschwerden schnell (innerhalb von Tagen) bessern sollten, kann dies je nach Dauer und Schwere der Erkrankung bei Hauterkrankungen viele Wochen bis einige Monate benötigen. Daher sollte man eine Eliminationsdiät mindestens sechs Wochen füttern. Wenn innerhalb dieser Zeit auch nur eine leichte Besserung zu verzeichnen ist, fahren Sie fort.

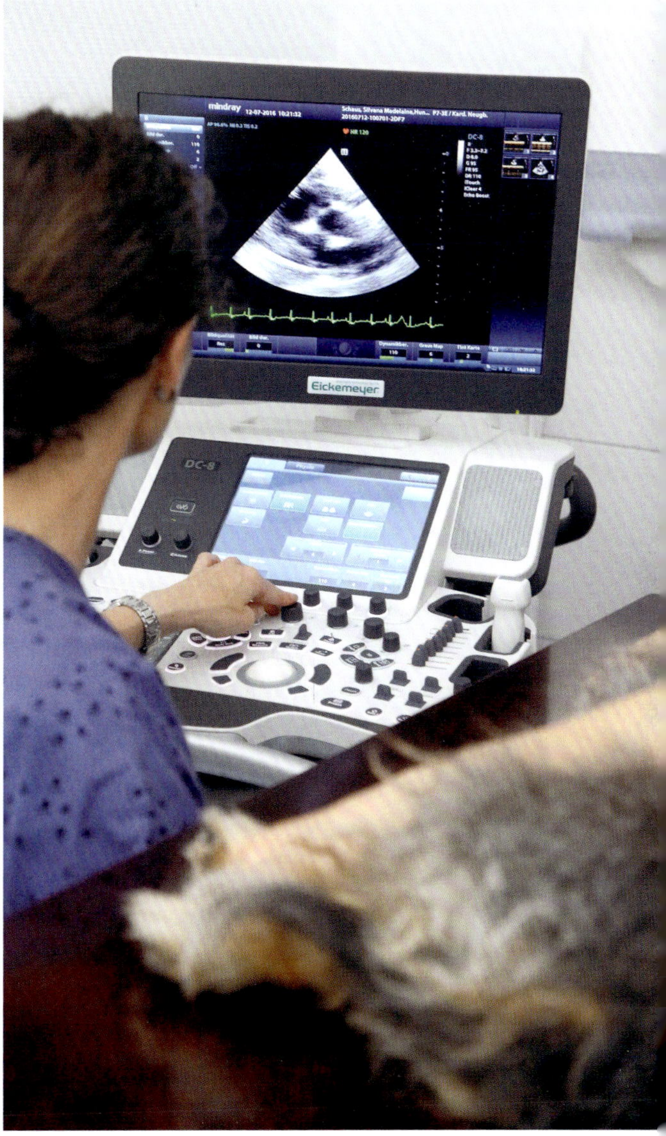

Ultraschall hilft, Erkrankungen aufzuspüren.

Magen-Darm Erbrechen, Durchfall, Blähungen, häufiger Kotabsatz, Verstopfung.
Haut/Ohren Juckreiz, Entzündungen der äußeren Gehörgänge (Otitis externa) sowie der Haut, Schuppenbildung, stumpfes, trockenes Fell u.a.
Sonstige Symptome Wachstumsstörungen bei Jungtieren, evtl. verringerter Appetit und Abgeschlagenheit, gelegentlich Niesen oder Husten.

AUSSCHLUSSDIÄTEN

Besteht der Verdacht auf eine Futtermittelunverträglichkeit, gilt es, nach Ausschluss anderer möglicher Ursachen, herauszufinden, ob es sich tatsächlich um eine Futtermittelallergie handelt und welcher Nahrungsbestandteil nicht vertragen wird. Hierfür stehen Blutuntersuchungen zur Verfügung, die jedoch bis zum gegenwärtigen Zeitpunkt keine befriedigenden Ergebnisse liefern und aus Sicht von Veterinärdermatologen und -allergologen nicht oder kaum zu empfehlen sind. Entsprechende Bluttests basieren auf dem Aufzeigen von im Blut des Patienten eventuell vorhandenen „Antikörpern“ (IgE sowie IgG), die sich gegen verschiedene Nahrungsbestandteile wie z. B. Rindereiweiß richten. Das Problem bei der Sache besteht darin, dass viele Individuen entsprechende Antikörper im Blut aufweisen, ohne dass diese jedoch zu sichtbaren Konsequenzen (allergischen Reaktionen) führen. Daraus folgt eine relativ hohe Anzahl „falsch-positiver“ Resultate.
Optimale Ergebnisse hingegen lassen sich durch eine korrekt durchgeführte Ausschlussdiät erzielen. Hierbei wird ein „neues“ Futter über einen Zeitraum von mindestens sechs bis zwölf Wochen ausschließlich gefüttert. Es sollte nur eine Kohlenhydratquelle (ideal: Süßkartoffel, Kürbis oder auch die sogenannten Pseudogetreide) und eine möglichst nie zuvor gefütterte Eiweißquelle enthalten (ein möglichst „exotisches“ Eiweiß, wie z. B. Pferdefleisch, Hirsch, Känguru). Das Prinzip lautet: Auf etwas, das noch nie gefüttert wurde, kann es keine allergischen Reaktionen geben; daher „Ausschlussdiät“. Parallel dazu darf nichts anderes (keine Leckerlis, nicht einmal bestimmte Medikamente) verabreicht werden.
Der Sinn dieser Fütterung besteht darin, dass die Beschwerden nachlassen bzw. ganz verschwinden, wenn sie auf eine Futterunverträglichkeit zurückzuführen waren.

HYPOALLERGENES ODER SELBST ZUBEREITETES FUTTER

Verschwinden die Krankheitszeichen komplett, kann entweder provoziert (das alte Futter erneut verabreicht) werden – innerhalb von einer, maximal zwei Wochen können in der Regel die Anzeichen der Allergie erneut beobachtet werden – oder auf ein kommerzielles, hypoallergenes Futter umgestellt werden. Die Industrie liefert heute eine breite Palette an Fertigfuttern für die Durchführung der Ausschlussdiät, die Sie bei Ihrem Tierarzt erhalten. Die besten Ergebnisse jedoch werden nach wie vor mit selbst zubereitetem Futter erzielt. Kommerzielle hypoallergene Futter können jedoch nach erfolgter Diagnosestellung eingesetzt werden. Dies sollten Sie stets mit Ihrem Tierarzt besprechen. Bis zum gegenwärtigen Zeitpunkt ist nicht sicher erwiesen, ob sich Futtermittelallergien auch gegen Zusatzstoffe richten. Tatsache ist jedoch, dass es Individuen gibt, die lediglich selbst zubereitetes Futter vertragen beziehungsweise nicht auf kommerzielle Diäten ansprechen (10–30 % aller an einer Futtermittelallergie leidenden Hunde). Der Grund hierfür ist weitgehend unbekannt, auch wenn verschiedene, in den letzten Jahren durchgeführte Untersuchungen kommerzieller Eliminationsdiäten nachweisen konnten, dass in einer Vielzahl von ihnen Fremdproteine enthalten waren.
Sogenannte hydrolisierte Diäten erheben den Anspruch, Eiweiße in kleinere Einheiten, sogenannte Peptide aufgespalten zu enthalten, die keine allergenen Eigenschaften mehr aufweisen. In einer Untersuchung (Roitel 2015) konnte jedoch auch hier gezeigt werden, dass sich in besagten Futtermitteln auch größere molekulare Eiweißstrukturen fanden. Fakt ist und bleibt wie so oft: Die vollkommene Kontrolle über enthaltene Zutaten lässt sich am besten durch selbst zubereitete Diäten erzielen.
Tipp: Zur Vermeidung von Kontaminationen mit Fremdeiweißen kaufen Sie, falls möglich, beispielsweise Pferdefleisch bei einem reinen Rossschlachter.

Allergiker oder nicht?

NÄHRSTOFFVERSORGUNG

Natürlich sind selbst zubereitete Rationen auf der Basis von beispielsweise Süßkartoffel, Pferdefleisch und Leinöl in Bezug auf ihr Nährstoffprofil keinesfalls vollständig. Es herrscht jedoch Konsens darüber, dass bei einem ausgewachsenen und gesunden Hund über eine Dauer von maximal zwölf Wochen keine relevanten Nährstoffdefizite entstehen. Soll die hypoallergene Diät allerdings über die 12 Wochen hinaus beibehalten werden, ist eine Nährstoffergänzung (z.B: Vitamin Optimix sensitive ® des Herstellers Futtermedicus) nötig, um längerfristigen Nährstoffmangel mit entsprechenden, teils gravierenden Auswirkungen zu vermeiden.

HAUTERKRANKUNGEN

Symptome an der Haut können durch eine Vielzahl verschiedener Erkrankungen auftreten. Hierzu gehören Parasiten wie Milben und Flöhe, Infektionen durch Pilze, Bakterien, Viren sowie hormonelle Erkrankungen.

DIE HAUT – SPIEGEL DER GESUNDHEIT

Die Haut in ihrer Gesamtheit stellt das größte Organ des Körpers dar. Die oberste Hautschicht, die sogenannte Epidermis, gehört zu den sich am schnellsten und permanent erneuernden Geweben des Körpers. Bei einem gesunden Hund erneuert sie sich ca. alle drei Wochen praktisch komplett. Auch die Haare wachsen permanent und in Abhängigkeit von saisonalen Faktoren (Fellwechsel) in unterschiedlicher Intensität.

Aus diesen Gründen besteht für Haut und Haare ein besonders hoher Bedarf an bestimmten Nährstoffen, und ein nicht unerheblicher Teil der täglich aufgenommenen Nährstoffe wird dem Hautstoffwechsel zugeführt. Wichtig ist vor allem hochwertiges Eiweiß und insbesondere die schwefelhaltigen Aminosäuren, die für den Aufbau des Proteins Keratin unentbehrlich sind. Dieser Hornstoff ist ein besonders schwefelreiches Strukturprotein, das am Aufbau der oberen Hautschicht, von Haaren und Krallenhorn beteiligt ist. Für die permanenten Erneuerungsprozesse werden weiterhin Biotin (Vitamin H, von "Haut"), Zink sowie weitere Nährstoffe benötigt. Für eine gesunde Haut und ein intaktes Hautimmunsystem sind darüber hinaus essenzielle Fettsäuren und Antioxidantien erforderlich.

Die Haut ist gewissermaßen ein Spiegel der Gesundheit, da sie durch ihre permanente Erneuerung vergleichsweise schnell Mangelerscheinungen aufzeigt. In einigen Fällen ist dies jedoch nicht auf einen tatsächlichen Mangel an Nährstoffen in der Nahrung zurückzuführen (Ernährungsfehler werden erst über einen längeren Zeitraum sichtbar), da die meisten Futter die Anforderungen diesbezüglich erfüllen, sondern auf eine mangelnde Aufnahme über den Darm. Dies kann der Fall sein bei Magen-Darm-Erkrankungen, Infektionen oder Darmparasiten, die entweder dem Körper die notwendigen Nährstoffe entziehen oder deren Aufnahme verhindern.

ANZEICHEN FÜR EINE HAUTERKRANKUNG

Juckreiz, Rötungen, Schuppen, Flecken oder Unebenheiten, Pusteln, ein schlechter Hautgeruch, Haarausfall und Verkrustungen zeigen an, dass mit der Haut etwas nicht stimmt. Auch ein stumpfes, glanzloses Fell kann Ausdruck einer Hauterkrankung sein.

URSACHEN

Die Ursachen sollten im Zweifelsfall immer tierärztlich abgeklärt werden, da die Haut zwar viele Erkrankungen zuverlässig widerspiegelt, die Symptome jedoch häufig gänzlich unspezifisch sind, d.h. ein und dasselbe Krankheitszeichen Ausdruck einer ganzen Palette verschiedener Erkrankungen sein kann. Was die Ernährung betrifft, so gibt es Hinweise darauf, dass besonders langhaarige Rassen oder Hunde während des intensiven Fellwechsels von einer Diät profitieren, die reich an schwefelhaltigen Aminosäuren ist. Auch kann in derartigen Fällen und über einen begrenzten Zeitraum (maximal sechs Wochen) der Proteingehalt der Futterration um 10–20 % erhöht werden. Besonders während des Fellwechsels jedoch ist generell eine besonders ausgewogene und komplette Ernährung wichtig.

Süßkartoffeln gelten als hypoallergen.

Füttern und Zuwendung sind untrennbar verbunden.

Eine Unterversorgung besonders mit Eiweiß, aber auch von Fett (besonders essenzielle Fettsäuren wie Linolsäure) kann zu Hautproblemen führen. Zink, Eisen, Kupfer und Jod gehören zu den für den Hautstoffwechsel besonders wichtigen Mineralstoffen. Eine Überversorgung mit Kalzium kann durch eine wechselseitige Hemmung bei der Aufnahme im Darm zu einem Zinkmangel führen. Zinkmangel führt zu ernsten Hauterkrankungen. Besonders bei einigen nordischen Rassen (Alaskan Malamute, Huskys), eventuell auch bei Bullterriern, tritt gehäuft ein erblich bedingter Zinkmangel mit entsprechenden Hautsymptomen auf. Dieser lässt sich jedoch durch eine entsprechende Ergänzung mit Zinkpräparaten behandeln.

FUTTERERGÄNZUNGSMITTEL

Nicht wenige im freien Handel angebotene Futterergänzungsmittel erfüllen nicht, was sie versprechen. Zu große Mengen Seealgenmehl können zu einer Überdosierung von Jod führen, andere Mittel sind schlicht unwirksam. Spirulina-Algen hingegen gehören zu den Süßwasseralgen und stellen entgegen weit verbreiteter Ansicht keine Jod-Quelle dar. In einigen Fällen kann eine Ergänzung mit Biotin (Vitamin H) zu positiven Effekten führen. Auch Öle mit einem entsprechenden Gehalt an essenziellen Fettsäuren haben zum Teil, besonders bei allergischen Hauterkrankungen, einen positiven Effekt, teilweise konnte hier eine Juckreiz lindernde, entzündungshemmende Wirkung durch Omega-3-Fettsäuren nachgewiesen werden.
Kosten und Nutzen sollten in jedem Fall sorgsam abgewogen werden, bevor Geld für ungeeignete oder unnötige Ergänzungsfuttermittel in die Hand genommen wird.

VERDAUUNGSBESCHWERDEN

Durchfall oder weicher Kot, Erbrechen, Verstopfung, Kotdrang, Schlittenfahren (= Rutschen auf dem After), Gasbildung (Flatulenz) oder auch einfach nur eine erhöhte Kotabsatzfrequenz (mehr als 3-mal pro Tag) können verschiedene Ursachen haben. Zu diesen gehören auch Futtermittelunverträglichkeiten. Aufgrund der Vielzahl anderer Ursachen (Parasiten, Infektionen, Vergiftungen, Fremdkörper, Tumoren des Verdauungstraktes sowie der Anhangdrüsen) ist es jedoch wichtig, diese durch Ihren Tierarzt diagnostisch abklären zu lassen, bevor eine futterabhängige Ursache unterstellt wird. Ein leichter, vorübergehender Durchfall oder gelegentliches Erbrechen, die nicht mit einem gestörten Allgemeinbefinden einhergehen, können zunächst beobachtet werden. Andauernde Krankheitszeichen jedoch oder deutlich gestörtes Allgemeinbefin-

DURCHFALL BEI WELPEN

Besonders bei Welpen kann es bei Durchfall und/oder Erbrechen schnell zu einem lebensbedrohlichen Verlust von Wasser und Elektrolyten (Mineralstoffen) kommen. Seien Sie hier besonders vorsichtig und gehen Sie zum Tierarzt, wenn die Beschwerden länger als einen Tag dauern.

Besonders Welpen leiden schnell unter den Folgen von Durchfällen und benötigen Hilfe.

den, Fieber, Blutbeimischungen in Kot oder Erbrochenem etc. sind dringende Gründe, den Hund einem Tierarzt vorzustellen. Nehmen Sie eine Kotprobe mit in die Praxis, um diese zunächst auf Darmparasiten etc. untersuchen zu lassen. Besteht bei leichten Beschwerden der Verdacht, dass ein bestimmtes Futter nicht vertragen wird, so kann dieser durch einen simplen Futterwechsel gegebenenfalls bestätigt werden. Achten Sie darauf, besonders bei bereits als empfindlich bekannten Hunden, den Wechsel langsam zu vollziehen.

MINDERWERTIGES FUTTER MEIDEN

Vermeiden Sie die Fütterung zu großer Mengen minderwertiger Schlachtabfälle, Sojaschrot oder Hülsenfrüchten. Fehlgärungen mit weichem Kot oder sogar Durchfall können besonders durch derart minderwertige Futtermittel entstehen. Achten Sie stets auf individuelle Unterschiede in puncto Verträglichkeit. Eine Mindestmenge Rohfaser sollte stets enthalten sein, da diese Wasser bindet und somit zu geformtem Kot beiträgt.

SCHONKOST

Während einer leichten oder auch abklingenden Magen-Darm-Erkrankung kann zur Entlastung des Magen-Darm-Traktes eine kommerzielle oder selbst zubereitete, leicht verdauliche Schonkost verabreicht werden. Füttern Sie mehrere kleine Portionen über den Tag verteilt.
Besonders geeignet für Selbstzubereiter sind beispielsweise Kartoffelpüree (ohne Milch, Butter etc.) mit Magerquark bzw. Hüttenkäse (im Verhältnis 2/3 : 1/3 bis maximal 1/2 : 1/2), Reis oder Reisschleim mit Huhn (ohne Haut und Knochen) bzw. Putenfleisch oder magerem Fisch (Fleisch und Fisch möglichst klein geschnitten oder zusammen mit dem Reis püriert).
Fragen Sie Ihren Tierarzt nach weiteren geeigneten Diäten.
Diese Fütterung kann über einige Tage oder bis zum Abklingen der Symptome beibehalten werden. Im Anschluss gehen Sie langsam zur gewohnten Fütterung über, indem der Schonkost täglich kleine Mengen des herkömmlichen Futters beigemischt werden.
Tipp: Kohlenhydrathaltige Zutaten müssen stets „durchgekocht“ sein und sollen für Hunden allgemein nie „al dente“ zubereitet werden. Faustregel: Reis so lange kochen, bis sich das Reiskorn mit sanftem Daumendruck komplett zerdrücken lässt. Bei Magen-Darm-Erkrankungen keinesfalls Vollkornreis verwenden und den Reis lange kochen lassen („Reisschleim“).

APPETITLOSIGKEIT

Unter Hunden gibt es (ähnlich wie bei Menschen) wahre Allesfresser sowie wählerische Vertreter. Individuelle Abneigungen sind möglich. Respektieren Sie diese im Rahmen des Machbaren und Akzeptablen. Unterscheiden Sie jedoch echte Unverträglichkeiten (die sich gegebenenfalls durch Störungen der Verdauung, des Allgemeinbefindens, Veränderungen der Haut etc. zeigen) von eventuellen Versuchen Ihres Hundes, lediglich immer das schmackhafteste Futter zu ergattern. Bedenken Sie die manipulatorischen Fähigkeiten unserer Vierbeiner!
Ein Hund kann durchaus einmal einen Tag sein Futter verweigern, ohne dass dies ein ernstes Problem darstellt. Achten Sie jedoch auf Anzeichen einer Magen-Darm- oder sonstigen Erkrankung. Treten Durchfall und/oder Erbrechen auf, ist das Allgemeinbefinden deutlich gestört (Fieber, Apathie etc.) oder hält die Appetitlosigkeit an, wenden Sie sich unbedingt an Ihren Tierarzt.

Besonders kranke Tiere haben oft keinen Appetit.

UNFÄHIGKEIT ZU FRESSEN

Echte Appetitlosigkeit muss von der Unfähigkeit, Nahrung aufzunehmen, unterschieden werden. Im letzten Fall will der Hund fressen, kann es aber nicht. Zahn- oder Zahnfleischprobleme, Schluckbeschwerden und andere Ursachen können die Gründe sein. Besteht ein solcher Verdacht, suchen Sie Ihren Tierarzt auf. Übermäßiges und andauerndes Speicheln kann als Hinweis auf Entzündungen, aber auch auf Tumore, Zysten oder Fremdkörper (Knochenteile, Stöckchenreste etc.) in der Maulhöhle bzw. dem Rachenraum gedeutet werden.

FUTTERMÄKLER

Aschereiche Futter werden generell – ähnlich wie Gemüse oder pflanzliches Eiweiß – von Hunden weniger gerne gefressen, eiweißreiche Futtermittel tierischen Ursprungs werden ebenso wie fettreiche Rationen in der Regel bevorzugt. Durch Erwärmen des Futters kann die Futteraufnahme stimuliert werden („handwarm"). Aber wie bereits erwähnt: Hüten Sie sich davor, sich von Ihrem Hund „erziehen" zu lassen. Wechseln Sie im Fall einer zögerlichen Futteraufnahme nicht immer gleich das Futter. Der Hund kommt schnell dahinter, wie das bevorzugte Futter durch entsprechendes Verhalten „erbeutet" werden kann.
Auch in bestimmten Situationen wie direkt im Anschluss an eine intensive körperliche Aktivität, bei „Liebeskummer" oder auch während der Läufigkeit oder Scheinschwangerschaft kann es vorübergehend zu Appetitlosigkeit kommen. Natürlich gilt dies auch für echten „Kummer", wie den Verlust eines Partnertieres oder gar des Frauchens bzw. Herrchens. Hier hilft manchmal nur Geduld und Zuwendung. Vorsicht bei Handfütterung, da der Hund sich schnell daran gewöhnt.

DARMERKRANKUNGEN

Vernachlässigen wir einmal krankhafte Ursachen, so werden Blähungen durch eine vermehrte Gasbildung (eine bestimmte Menge pro Tag ist normal) vor allem im Dickdarm durch die bakterielle Vergärung von Nährstoffen verursacht. Normalerweise bilden sich im Dickdarm Kohlendioxyd und Wasserstoff. Bestimmte Keime produzieren jedoch vermehrt für unsere Nase übel riechende Gase wie Schwefelwasserstoff, Ammoniak oder Merkaptane. Einige Hunde scheinen hierfür anfälliger zu sein als andere, sodass individuelle Faktoren bei Blähungen eine Rolle spielen können.

Hierzu zählen besonders futterabhängige Faktoren: Futtermittel mit einer geringen Verdaulichkeit sind weniger zur Fütterung empfindlicher Tiere geeignet, ebenso wie Hülsenfrüchte, Schlachtabfälle mit hohem Bindegewebsanteil, laktosereiche Produkte wie Milch und nicht aufgeschlossene Getreidekörner (Vollwertfutter).

Günstig auf eine entsprechend empfindliche Verdauung wirken:

- Nudeln oder Reis (keine Vollkornprodukte), Kartoffeln, Ei, Hüttenkäse, hochwertiges Fleisch oder Fisch.
- Fett: Eine fettreiche Nahrung kann (nicht bei Durchfall oder bekannten Erkrankungen der Bauchspeicheldrüse oder der Leber!) die bakterielle Gasbildung drosseln. Besonders günstig scheinen hier tierische Fette wie Rindertalg zu sein (pflanzliches Fett wird zum großen Teil verdaut und absorbiert, bevor es den Dickdarm erreicht).

Achten Sie auf einen Mindestgehalt an Rohfaser in der Ration zur Regulierung der Darmpassage, die weder zu schnell, noch zu langsam sein darf, da beides die Gasbildung begünstigen kann. Testen Sie verschiedene Rohfasertypen (Kleie, geriebene Äpfel, Karotten, etc.), da einige von ihnen auch zu Gasbildung führen können. Passen Sie Art und Menge der Faserquelle ggf. an.

Grasfressen – Unart oder Bedürfnis?

KOTFRESSEN

Das Fressen von Kot ist oftmals eine Unart, und es bestehen keine gesicherten Hinweise darauf, dass ein Mineralstoffmangel oder eine sonstige Nährstoffunterversorgung oder Erkrankungen von Magen oder Darm die Ursache sind. Ausgenommen hiervon scheinen Schäferhunde, die bei Erkrankungen der Bauchspeicheldrüse Kot zu fressen beginnen. Der Kot von Pflanzenfressern enthält Vitamine, Ballaststoffe und andere Nährstoffe. Es spricht also im Prinzip nichts dagegen, wenn Ihr Hund Pflanzenfresserkot frisst. Anders verhält es sich mit dem Kot von Fleischfressern. Parasiten und Infektionen (z. B. Salmonellen) können auf diesem Weg übertragen werden, abgesehen davon, dass es oftmals ganz einfach äußerst unangenehm ist, wenn der Hund derartige Exkremente frisst. Versuchen Sie, dieses Verhalten zu unterbinden.

GRASFRESSEN

Es gibt keine wirklich befriedigende Erklärung für das häufig beobachtete Fressen von Gras bei Hunden. Dass Hunde auf diese Weise stets das Erbrechen stimulieren, konnte ebensowenig nachgewiesen werden wie ein erhöhter Bedarf an pflanzlichen Faserstoffen (Rohfaser) bzw. deren ungenügender Gehalt im Futter. Schaden tut es sicher nicht, also lassen Sie Ihren Hund ruhig einmal „grasen“.

Kranke Hunde brauchen Ruhe und manche schlafen besonders viel.

ERBRECHEN

Erbrechen bedeutet das Auswürgen von Mageninhalt. Viele Erkrankungen, nicht nur des Verdauungstraktes, können hierfür die Ursache sein und sollten vom Tierarzt abgeklärt werden. In einigen Fällen kann jedoch das Erbrechen von Mageninhalt eine Schutzfunktion darstellen. Dies ist z. B. der Fall bei Fremdkörpern, Futter, das im Magen zu stark und schnell aufquillt, zu kaltem Futter (direkt aus dem Kühlschrank) oder auch bei verdorbenem Futter.
Eine Regel lautet: Je schneller das Erbrechen nach der Futteraufnahme erfolgt, desto weiter oben im Verdauungskanal (Speiseröhre, Magen) liegt die Ursache.

MAGENDREHUNG

Große Hunde zeigen gelegentlich ein starkes Aufgasen des Magens. Hierbei dehnt sich der Magen durch Gasbildung zunächst aus und kann sich in Folge auch verlagern. Dreht er sich (Magendrehung), so kann das Gas in keine Richtung mehr entweichen und es kommt in kürzester Zeit zu einer weiteren lebensbedrohlichen Aufgasung, die zu Kreislaufversagen und Tod führt, sofern nicht umgehend tierärztliche Hilfe geleistet wird! Sie erkennen eine Magendrehung an einer plötzlichen Auftreibung des Leibes, Anzeichen von starken Schmerzen sowie Anzeichen für Kreislaufschwäche. Zu den möglichen Ursachen bzw. begünstigenden Faktoren zählen sowohl erbliche Faktoren (Veranlagung insbesondere bestimmter Rassen bzw. Zuchtlinien) sowie futterabhängige Faktoren wie ein hoher Keimgehalt, größere Mengen leicht vergärbarer Inhaltsstoffe sowie ein hoher Aschegehalt (Pufferwirkung im Magen). Auch die Art der Fütterung kann ihren Teil beitragen: Zu hoch gestellte Futternäpfe, die Fütterung zu großer Mengen auf einmal (einmal pro Tag) oder von verdorbenem Futter, körperliche Anstrengung oder Aufregung sowohl vor als auch nach der Fütterung sind hier zu nennen.
Möglicherweise produzieren einige Individuen zu wenig Magensäfte oder weisen eine verzögerte Magenentleerung auf, einige Tiere schlucken Luft ab. All dies kann eine Magendrehung bzw. Magenblähungen begünstigen.

VORSORGE

Besonders bei großen Hunden können Sie vorbeugen, indem Sie stets auf frisches, hygienisch einwandfreies Futter achten (besonders im Sommer nicht zu lange stehen lassen). Füttern Sie regelmäßig und mehrmals täglich

Kauartikel können Zahnstein vorbeugen.

kleinere Portionen (ideal ist 2- bis 4-mal täglich). Eventuell ist fettreichem Futter gegenüber Futter mit einem zu hohen Getreideanteil der Vorzug zu geben. Zu viel Kalzium wirkt puffernd auf den Mageninhalt. Der Säuregehalt sinkt und Keime können sich vermehren und so eine erhöhte Gasbildung ermöglichen. Vermeiden Sie Konkurrenzsituationen beim Fressen, die zu hastigem Herabschlingen führen können.

VERSTOPFUNG

Besonders bei häufiger Verstopfung sollte tierärztlich untersucht werden, ob eine mechanische Behinderung der Darmpassage vorliegt. Zysten, Tumoren, Fremdkörper usw. in der Bauchhöhle, im Becken- oder Analbereich sowie neurologische Erkrankungen können zur Behinderung der Passage von Darminhalt bzw. Kot führen.

Liegen keine derartigen Ursachen vor, so können diese in der Art der Fütterung zu suchen sein. Die Fütterung von Knochen (Bildung von sogenanntem Knochenkot) oder besonders rohfaserhaltigem Futter (auch bestimmte Spezialdiäten wie z. B. Reduktionsdiäten) kann zu Verstopfung führen. Die Verabreichung von Abführmitteln für den menschlichen Gebrauch kann zu gefährlichen Situationen führen und sollte daher vermieden werden, bis die Ursache untersucht wurde.

ZAHNSTEINBILDUNG

Die Bildung von Zahnstein ist nicht nur ein ästhetisches (übler Geruch aus dem Maul), sondern auch ein medizinisches Problem, da Zahnfleischerkrankungen wie Zahnfleischentzündung, Parodontose usw. die Folge sind. Die Bildung von Zahnstein wird wahrscheinlich durch das Verfüttern von ausschließlich oder überwiegend Feuchtfutter bzw. weichem Futter begünstigt. Bisher ist jedoch nicht erwiesen, ob Trockenfutter oder größere Knabbersnacks tatsächlich für genügend Reibung an den Zähnen sorgen, um die Bildung von Zahnstein zu verhindern oder gar vorhandenen Zahnstein zu entfernen. Letzteres ist sicher kaum der Fall.

Zu den genannten Ursachen kommt eine erbliche Komponente: Die genetisch vorprogrammierte Mineralisierung des Speichels kann variieren. Je stärker diese ist, umso mehr besteht beim jeweiligen Hund die Tendenz zur Bildung von Zahnstein.

Im Fachhandel werden zahlreiche Trockenfutter und Kauartikel angeboten, die durch Reibung an den Zähnen während des Kauens für eine Reduzierung von vorhandenem Zahnstein sorgen und der Entstehung von neuem vorbeugen sollen. Einige Hunde neigen eher dazu, Futter (auch größere Bissen) in einem hinunterzuschlingen, andere kauen gründlicher. In diesen Fällen können derartige Kauprodukte evtl. tatsächlich hilfreich sein. Auch Zähneputzen kann bei Hunden, welche zur Zahnsteinbildung neigen, vorbeugend hilfreich sein.

Neben Zahnsteinbildung kann die Fütterung selbst (Verfüttern von Schlachtabfällen) oder Kotfressen die Ursache für einen schlechten Maulgeruch sein.Schauen Sie ruhig einmal – vorsichtig – in das Maul Ihres Hundes.

MYTHEN RUND UM DIE HUNDEERNÄHRUNG

Gerade im Bereich der Ernährung gibt es Behauptungen, die sich standhaft in der Hundeszene halten.

KNOBLAUCH HILFT GEGEN FLÖHE.
Knoblauch hilft nachweislich nicht gegen die lästigen Insekten und gehört darüber hinaus zu den Zwiebelgewächsen und kann somit in größeren Mengen sogar äußerst schädlich sein (siehe S. 83, 90).

Eine Mahlzeit am Tag ist für den erwachsenen Hund ausreichend.
In einigen Ausnahmefällen (energiedichte, fettreiche Ration) kann der gesamte Energie- und Nährstoffbedarf in Form einer einzigen Mahlzeit ohne Probleme gedeckt werden. Besser jedoch: Füttern Sie mindestens zwei Hauptmahlzeiten täglich.

Ein genereller Fastentag pro Woche dient der Darmreinigung.
In der Natur kommt es zwangsläufig auch zu längeren Fastenzeiten. Dann wird jedoch auf andere Nahrung (Pflanzen, Früchte, Kot, Aas usw.) zurückgegriffen. Ob also ein Tag ganz ohne Futter besonders vorteilhaft und gesund ist, sei dahingestellt. Machen Sie lieber einen vegetarischen Tag oder füttern Sie während und nach Magen-Darm-Erkrankungen leicht Verdauliches (Hüttenkäse mit Kartoffelpüree usw.). Im Einzelfall kann bei bestimmten Magen-Darm-Erkrankungen (Durchfall) ein Fastentag hilfreich sein.

Hunde brauchen Knochen.
Es gibt genug Alternativen zur Fütterung roher oder gekochter Knochen. Kauspielzeuge aus Rinderhaut und Bindegewebe bieten eine risikoarme Alternative und genug Knabberspaß. Die Zufuhr von Kalzium kann auch auf andere Weise über die Ernährung gewährleistet werden. Soll nicht auf Knochen verzichtet werden, dann vermeiden Sie Wirbelknochen, gekochte Hühnerknochen, quer geschnittene Röhren. Am besten geeignet sind Röhrenknochen (Kalb), Brustbein oder Rippen. Kleine Hunde (unter 10 kg), Welpen, alte Hunde sowie Hunde, die bereits zu Verdauungsstörungen neigen, sollten eher keine Knochen erhalten. Vorsicht: Knochenkot kann zu schweren Verstopfungen führen!

Sauerkraut befreit den Magen-Darm-Trakt von abgeschluckten, spitzen Fremdkörpern.
Wahrscheinlich ebenfalls ein Ammenmärchen. Es gilt als nicht bewiesen, dass Sauerkraut spitze Fremdkörper im Darm tatsächlich umwickelt und deren Ausscheidung problemlos ermöglicht. Besteht der Verdacht, dass Ihr Hund einen Fremdkörper (welcher Art auch immer) abgeschluckt hat, kontaktieren Sie in jedem Fall umgehend Ihren Tierarzt! In anderen Ländern wird übrigens Spargel mit dem ebenso zweifelhaften Nutzen empfohlen.

Der Hund ist ein Fleischfresser und kann sich von purem Fleisch ernähren.
Der Eiweißbedarf eines Hundes ist z. B. im Vergleich zu Katzen geringer und zu viel Eiweiß schadet bei bestimmten Organerkrankungen mehr, als dass es nützt. Besonders bei älteren oder nierenkranken Hunden kann zu viel Eiweiß extrem schädlich sein, ja sogar zum Fortschreiten beispielsweise einer bestehenden Nierenerkrankung führen. Halten Sie sich also an die empfohlenen Mengen. Füttern Sie dafür möglichst hochwertiges Eiweiß.

Schön zum Knabbern, aber es geht auch ohne.

Die Magensäure des Hundes tötet alle schädlichen Bakterien und Keime ab.
Dies ist ebenfalls falsch (siehe S. 15).

Hunde benötigen kein Vitamin D aus der Nahrung.
Hunde benötigen dieses Vitamin aus der Nahrung. Sie können es nicht, wie Menschen, mithilfe von UV-Strahlung in der Haut selbst bilden.

Stärke bzw. Getreide schadet Hunden und kann von ihnen nicht verwertet werden.
Dieser Mythos gilt als überholt und ist nach neuen genetischen Erkenntnissen widerlegt (siehe S. 6). Auch dass Getreide krebserregende Eigenschaften habe oder Allergien verursache, ist, von wenigen Ausnahmen abgesehen, ein Mythos.

Hunde dürfen überhaupt kein Schweinefleisch erhalten.
Dringend abgeraten wird lediglich von der Verwendung rohen Schweinefleisches (siehe S. 74, 90), da es das gefährliche (jedoch hitzeinstabile) Aujezkyvirus enthalten kann. Gekocht ist Schweinefleisch eine hervorragend geeignete Futterkomponente.

Barfen ist für Allergiker uneingeschränkt geeignet.
Futtermittelallergien richten sich in der Regel gegen tierische Nahrungseiweiße. Ein auf Rindfleisch allergisch reagierender Hund hätte also selbst mit Bio-Rinderfilet als Zutat vermutlich große Probleme. Zudem benötigen viele an Futtermittelallergien leidende Hunde eine eher einseitige, „restriktive" Futterzusammensetzung, während die Barf-Methode besonders auf Vielfalt in der Zusammensetzung der Rationen setzt. Dennoch schließt das eine das andere nicht zwangsläufig aus.

Kokos (Flocken, Öl) hilft gegen Darmparasiten.
Bisher konnte dies nicht bewiesen werden. Eine optimale und heute selbst von Parasitologen anerkannte Alternative zur „Chemie" der regelmäßig und sicher oftmals vollkommen unnötig verabreichten Entwurmungspräparate stellen professionelle Kotuntersuchungen dar. Diese können vorhandene und behandlungsbedürftige Darmparasiten eindeutig nachweisen, was mit bloßem Auge oder anhand des Kotabsatzverhaltens des Hundes praktisch nicht möglich ist. So kann ggf. gezielt behandelt werden. Eine Wurmkur hat übrigens im Gegensatz zu Schutzimpfungen oder Flohschutzpräparaten keinerlei vorbeugenden Effekt und zielt lediglich darauf ab, eventuell vorhandene Darmparasiten abzutöten.

Industrielle Fertigfuttermittel enthalten kaum Fleisch, hauptsächlich Abfälle und schädliche Zusatzstoffe.
Diese Aussagen mögen in einigen Fällen zutreffen und Futterkauf bleibt sicher wie Lebensmittelkauf zu einem Teil Vertrauenssache, insb. was die Qualität der Rohstoffe angeht. Wer jedoch die gesetzlich vorgeschriebenen Deklarationen zu lesen in der Lage ist und freiwillige hilfreiche Produktangaben der Hersteller von reinen Marketingaussagen unterscheiden und interpretieren kann, kann durchaus erhebliche Qualitätsunterschiede unter den verschiedenen Herstellern ausmachen. Gift- oder Suchtstoffe in Futtermitteln sind gesetzlich nicht erlaubt und die Verwendung von Zusatzstoffen unterliegt strengen gesetzlichen Kontrollen.

SERVICE

— *Wissenswertes für Hundehalter*

KLEINES LEXIKON

Absorption Aufnahme von Nährstoffen über die Darmwand
Adipositas Fettsucht, Verfettung, Übergewicht
Ad libitum unbegrenzt zur Verfügung stehend, jederzeit bestehender freier Zugang zu Futter und Wasser
Alleinfutter Vollkost, Vollnahrung; zur ausschließlichen Ernährung geeignet
Allergen allergieauslösender Stoff
Aminosäuren Bausteine der Proteine; organische Verbindungen mit mindestens einer Amino- und einer Carboxylgruppe
AS Aminosäure
Ballaststoffe sinngemäß: Rohfaser
BARF Abkürzung für „bone and raw food", Rohfütterung
Ca Abkürzung für Kalzium
Darmflora im Darm, teilweise auch im Magen lebende Bakterien
Darmperistaltik Eigenbewegung der Wände von Hohlorganen (Darm) durch die Kontraktion aufeinander folgender Abschnitte
Diät eine spezielle Nahrung, die von Tierärzten zur Behandlung oder Vorbeugung bestimmter Erkrankungen verschrieben bzw. abgegeben wird
Energie Voraussetzung für jede Arbeit. Jede körperliche Aktivität erfordert Energie, die dem Lebewesen durch die Aufnahme energiehaltiger Substanzen über die Nahrung zugeführt wird. Angabe früher in Kalorien (kcal oder cal), heute in Joule (MJ = Megajoule oder KJ = Kilojoule)
Energiedichte Energie pro Gewichtseinheit Futter. Noch heute meistens angegeben in kcal umsetzbarer Energie pro Gramm Futter oder Futtertrockensubstanz; ansonsten in KJ je Gramm Futter oder Trockensubstanz.
Enzyme Substanzen, die bei chemischen Reaktionen im Körper (unter anderem bei der Verdauung) als Katalysatoren funktionieren
Ergänzungsfutter Futter zur Ergänzung unausgewogener Grundfuttermittel. Beispiele sind Vitamin- und Mineralstoffergänzungsfutter zur Vervollständigung selbst zubereiteter Futterrationen.
Erhaltungsbedarf Energiebedarf eines ausgewachsenen Tieres, das keine besondere Aktivität erbringt
Essenziell lebensnotwendig, kann nicht vom Organismus selbst hergestellt werden (für Aminosäuren und essenzielle Fettsäuren verwendeter Begriff)
Flatulenz Gasausscheidung aus dem Dickdarm
FS Fettsäure
Futterkalk Kalziumkarbonat, enthält ca. 37 % Kalzium
Futterzusatzstoffe dem Futter zur Verbesserung von Haltbarkeit, Geschmack, Geruch, Farbe oder Struktur zugesetzte Substanzen
Gluten in Getreide enthaltene Eiweißstoffe
Homöostase Konstanz; Gleichgewicht der physiologischen Funktionen im Organismus
IE Internationale Einheit (zur Angabe von Vitamin A und D)
Joule Energieeinheit; Angabe meistens in Kilojoule (1 KJ = 1000 Joule) oder Megajoule (1 MJ = 1000 KJ)
Kalorie Energieeinheit; 1 Kalorie = 4,18 Joule
Kleber Gluten (Getreideeiweiß)
Laktation Stillen
Laktose Milchzucker
LFBG Lebensmittel- und Futtermittelgesetzbuch
Mehrfach ungesättigte Fettsäure eine Fettsäure, die mehr als eine Doppelbindung enthält
Mengenelemente Kalzium, Phosphor, Magnesium, Natrium, Kalium, Chlorid, Schwefel
mg Milligramm (1 Gramm = 1000 mg)
Mineralstoffe anorganische Nährstoffe (Kristalle) und strukturierende chemische Elemente; zu ihnen zählen die Mikro- und die Makromineralstoffe
Nährstoffe alle für den Stoffwechsel nützlichen Produkte wie Protein (Eiweiß), Kohlenhydrate (Zucker und Stärken), Kalzium usw.

Pankreas Bauchspeicheldrüse
P Abkürzung für Phosphor
Protein Eiweiß
Psalter Blättermagen
Reduktionsdiät spezielle Nahrung zur Gewichtsreduktion
Spurenelemente Mineralstoffe, die in geringen Mengen im Körper vorkommen und in der Nahrung benötigt werden, wie z.B. Eisen, Zink, Kupfer usw.
Schleimhaut innere Auskleidung des Magen-Darm-Traktes, über die teilweise die Aufnahme der Nährstoffe (-> Absorption) erfolgt
Stickstofffreie Extraktstoffe N-freie Extraktstoffe (keinen Stickstoff enthaltend); Bezeichnung für alle im Futter enthaltenen Kohlenhydrate
Stoffwechselgewicht metabolisches Körpergewicht, erhoben zur Dreiviertelpotenz
Ungesättigte Fettsäuren nicht vollständig mit Wasserstoff „abgesättigte" Fettsäuren
Toxizität die Eigenschaft, giftig zu sein
Veganismus strenger Vegetarismus, der auf tierische Produkte in jeder Form verzichtet
Vegetarisch kein Fleisch enthaltend
Verdaulichkeit Anteil des Futters oder Nährstoffes, der verdaut wird (Aufnahme minus Ausscheidung über den Kot)
Vitamin lebensnotwendiger organischer Stoff, der in geringen Mengen über die Nahrung aufgenommen werden muss
Vitaminierte Mineralfutter Mineralfutter, denen Vitamine zugesetzt wurden; zur Ergänzung selbst zubereiteter Futterrationen
Weendener Futtermittelanalyse Verfahren zur Bestimmung von Rohnährstoffen

ZUM WEITERLESEN

Bucksch, Martin: **Praxishandbuch Hundekrankheiten.** Kosmos 2013.
Bucksch, Martin: **Wenn Futter krank macht.** Cadmos 2012.
Klüver, Dr. Danja: **BARF – Rohfütterung für Hunde.** Kosmos 2016.
Nadig, Alexandra: **Heilpflanzen für Hunde.** Kosmos 2013.

QUELLEN

Dillitzer, Nathalie: **Tierärztliche Ernährungsberatung.** Elsevier 2012.
Fritz, Julia, Dr. med. vet: **Hunde barfen.** Alles über Rohfütterung. Ulmer 2015.
Grundlagen der Kleintierernährung. **Veterinary nutrition adviser.** Hill's Pet Nutrition, Inc.
Hand, M.; C. Thatcher; R. Remillard; P. Roudebush (Hrsg.): **Klinische Diätetik für Kleintiere.** Schlütersche 2003
Meyer, H.; J. Zentek: **Ernährung des Hundes.** Grundlagen und Praxis. Berlin 2001.
Meyer, H.; J. Zentek: **Hunde richtig füttern.** Ulmer 2004.
Roitel, O., D. Maurice, G. Doucin, S. Jaquenet, B. Bihain, C. Favrot und A. Couturier: **ESVD and ACVD.** Veterinary Dermatology, 26. 2015.
Suter, P.F.; B. Kohn; H.G. Niemand: **Praktikum der Hundeklinik.** MVS 2006.

NÜTZLICHE ADRESSEN

Die Tierärzte am Grandweg 68 GmbH
Dr. Martin Bucksch
Grandweg 68
22529 Hamburg
www.tieraerztegmbh-hamburg.de

ERNÄHRUNGSBERATUNG, RATIONSANALYSEN, -BERECHNUNGEN

www.futtermedicus.de
www.ernaehrung.vetmed.uni-muenchen.de/service/ernaehrungsberatung/eb_hunde/index.html
www.napfcheck.de
www.dogs-kitchen.de

ALLGEMEIN

www.esccap.de
www.clinitox.ch

REGISTER

BILDNACHWEIS

108 Farbfotos wurden von Heike Schmidt-Röger für dieses Buch aufgenommen. Weitere Farbfotos von Anna Auerbach (S. 97 unten), Dr. Martin Bucksch (S. 4, 9 rechts), Tatjana Drewka/ Kosmos (S. 87 beide), Anja Frers (S. 89), Viviana Klüver (S. 96), Tina Müller/Kosmos (S. 8, 57) und Nicolas Röwenstrunk (Autorenbild auf der Umschlagklappe).

3 Illustrationen von Wolfgang Lang.

Autor und Verlag bedanken sich bei Terra Canis sowie bei KLARSTEIN Küchengeräte für die freundliche Unterstützung bei der Fotoproduktion.

IMPRESSUM

Umschlaggestaltung von WALTER Typografie & Grafik GmbH, Würzburg, unter Verwendung von Farbfotos von Heike Schmidt-Röger/Kosmos (Vorderseite) und Anna Auerbach/ Kosmos (Rückseite) sowie Illustrationen von Shutterstock/Nikiteev_Konstantin.

Mit 118 Farbfotos und 3 Farbzeichnungen

Gedruckt auf chlorfrei gebleichtem Papier

ISBN 978-3-440-15391-8
Redaktion: Angela Beck
Gestaltungskonzept: Peter Schmidt Group GmbH, Hamburg
Gestaltung und Satz: akuSatz, Stuttgart
Produktion: Andrea Hehn
Druck und Bindung: Westermann Druck Zwickau GmbH, Zwickau
Printed in Germany/Imprimé en Allemagne

FSC
www.fsc.org
MIX
Papier | Fördert gute Waldnutzung
FSC® C110508

☞ ZUSAMMENSETZUNG HANDELSÜBLICHER FUTTERMITTEL

(modifiziert nach Meyer & Zentek, 2005)

Bestandteil	Trocken-alleinfuttermittel	halbfeuchtes Alleinfuttermittel	Feucht-alleinfuttermittel
Trockensubstanz	über 88 %	60 – 75 %	16 – 26 %
Rohasche	1,6 – 9,9 %	–	1,4 – 3 %
Rohprotein	18 – 34 %	über 20 %	6,7 – 11 %
Rohfett	6 – 26 %	ca 10 %	2,7 – 7,6 %
Rohfaser	1,4 – 5,1 %		0,9 – 3 %
Energie (verdauliche)	13 – 19 MJ/kg	13 MJ/kg, ggf. höher	3 – 5 MJ/kg
Kalzium (Ca)	0,9 – 2,5 %	1 %	–
Phosphor (P)	0,8 – 1,9 %	0,8 %	–
Natrium (Na)	0,2 – 0,8 %	0,2 – 0,4 %	–

Quelle: Suter, P.F., B. Kohn und H.G. Niemand: Praktikum der Hundeklinik